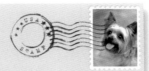

给爱犬的一封信

致我们最亲爱的小伙伴

[美]罗宾·雷顿 **摄**
[美]丽莎·埃尔斯帕莫、基米·库尔普 **编** / 刘月 **译**

中国摄影出版社
CHINA PHOTOGRAPHIC PUBLISHING HOUSE

前　言

当我的朋友丽莎·埃尔斯帕莫告诉我，她创作的这本书会在我的祖国出版时，我希望能用此寥寥数语向她表示祝贺。丽莎用优美的信件体歌颂了我们最亲爱的小伙伴——狗。这些年来，越来越多的中国人将小狗当作宠物。人们爱狗，而小狗也认为主人永远是完美无缺的，他们忠诚地爱着主人，不求回报。就像我弹钢琴时，常常感到身心与美妙的音乐融为一体。这本书所分享的故事会让你捧腹大笑，或是热泪盈眶，更会让你感受到自己与爱犬间的紧密联系。

国际著名钢琴家　　郎　朗

作者序

在撰写本书的过程中，我所收获的已远远超过了我在项目之初的预想。我见证了无数小狗和他们主人之间的爱，这种爱虽无法触碰，却释放出了无边的美丽。我猜，这就是爱的魔力吧。

多年来，我一直想创作一本关于狗狗的书。从1985年成为摄影记者到现在，我已经完成了各种各样的拍摄主题，从地方高中的"返校节女王"到奥巴马总统，从珍妮弗·安妮斯顿到奥普拉·温弗瑞……承蒙大家对我摄影作品的抬爱，尤其不止一次地听到人们对我说："我喜欢你拍的照片，但我更喜欢你为狗狗们拍的照片。"

不久前，跟朋友聚餐时，我把以爱犬为题创作一本摄影书的想法告诉了他们，我的朋友丽莎马上提出，可以把这本书策划为"给爱犬的一封信"。我觉得这个主意实在太天才了！

拍摄的结果让我更加感动——不但主人们非常热情，狗狗们也对我摇尾欢迎，他们带给我的快乐是真挚而纯粹的。

对我来说，这段经历用贝丝·布朗的话形容最为贴切："我懂得爱，因为我养狗。"

能见证狗狗和他的主人间难以言说的温柔，并有机会用照片留存那些奇迹般的瞬间，让我感到无比荣幸。我希望这些用相机记录下的瞬间能让人们重新认识狗狗，他们是那样的美丽动人，还有着慷慨无私的灵魂，他们是人类最好的朋友。

罗宾·雷顿

给爱犬的一封信

亲爱的耐克：

　　一切都快结束了，你的日子已经屈指可数。能有机会写下这封信向你致敬，我感到无比荣幸。耐克，你是我真正的灵魂伴侣。

　　还记得你5岁那年，我从救助站收养了你，给你起名叫"耐克"。因为那时候，我就知道你肯定会成为一个了不起的小家伙，而你也的确没辜负这个名字，成为象征胜利、力量和速度的"女神"。

　　在我们相遇前，你在之前的主人家里饱受虐待，但无论如何你活下来了；6岁那年，你被另一只狗撕裂皮肉，差点儿因失血过多而死，但无论如何你活下来了；9岁那年，你被宠物美容师从高高的美容桌上扔下来摔断了后脊，椎间盘受到重击，造成脊柱压缩，但无论如何你活下来了。手术之后，你渴望能够重新自由地跑跑跳跳，虽然你再也不能玩飞盘了，可是你一点儿也不抱怨、不忧伤。噢，看你以前矫健地跃到空中轻松接到飞盘的样子，真是个优秀的运动员啊，耐克。

　　去年，也就是你15岁的时候，你得了胃扭转，还做了手术。而且术后24小时内，你又遭受了严重的中风，导致后腿完全瘫痪。这还没完，之后你又受到退行性脊髓病和癫痫病的折磨，但无论如何你还是活下来了。很多人说，你应该被正式认证为一只猫，因为猫有九条命，而你的命比猫还多。对此，我很赞同。

　　虽然经历了这么多，但你从未抱怨过，总是把微笑挂在脸上——也许你从美味的火鸡和意大利面中感受到了爱；而在过去的14个月当中，你又从助行车中获得了爱的力量。你骑着小车（你的战车）快速驶下浅滩的样子，就像真正的胜利女神驾驭着她的战车；你向大家打招呼的样子，就像满载光辉和荣誉的胜利女神在向大家问候。你给许多人带来了欢笑，也给所有见过你的人带去了精神上的鼓舞。三个星期前，一个年轻人备感疑惑地看着你，对他朋友说："嘿，快看这只狗。"他朋友回答说："这不是普通的狗，这是耐克，她很有名！"说实在的，我甚至连他们是谁都不知道。人们在博客中提到你，在微博中提到你，给你拍照片，把你的照片放在网站上，甚至还有人为你写了一首歌。

从内心深处，我把你当作了自己的孩子。我们都做过重建性背部手术，我们都患了脊柱侧凸，我们都曾是运动员，都喜欢吃意大利面，而且怎么吃都不胖。尽管都遭受过生理上的挑战，但我们最终都活下来了。

亲爱的耐克，在你生命的最后时刻，我会陪着你在海滩上度过。过去几周，你没法走路，只能待在你的小红车里。再过两个月你就16岁了，虽然感觉疲惫和厌倦，但你依然想要喝水进食，欣赏海浪和海鸟，跟别的小狗、小猫、小朋友和行人打招呼；你依然拒绝放弃，一直昂着那高贵的头颅，像你与生俱来的那样；你依然希望每天都有人在你身边欢呼雀跃……

"Just do it, 耐克！"

亲爱的，你做到了。作为你的妈妈，我很享受照顾你的每一刻。你就是那个带着翅膀的小女神，希望你的翅膀能带你去飞翔，啸傲蓝天，翱翔在我的心田。我非常非常爱你，耐克。

妈妈

　　吾家之主——比约恩国王万岁！请允许卑微的人类来歌颂你的伟大！

　　比约恩国王，跟同时出生的9个兄弟相比，是个头最大的一个。比约恩在丹麦语中意为"熊"，取这个名字是为了赞扬你那如雷神般强劲有力的爪子，如巴松一样低沉的咆哮，还有你那巨大而松软的嘴唇。比约恩国王，再过不久你的体重就会超过我，你的身高也会超过其他金毛犬。

　　比约恩国王，关于你的一些事儿我看还是不要提了吧，因为你有时傻里傻气的，自我认知明显不足。有一次你在院子里拉臭臭正好遇上闪电，结果你吓得连续六个月都不敢出去拉臭臭，这事儿我还是别提了；每次你出去打猎，都会让蜥蜴和小兔子在爪边悄悄溜走，之后，你还装腔作势地吃点树叶，好让所有人觉得你一点儿也不在意，只是"随便看看"而已，这事我还是别提了；你害怕游泳池，甚至到了怕得要死的地步（你真聪明，比约恩国王，远离游泳池你就不会遇到深渊恶魔了），这事儿我还是别提了。算了，你的这些事儿我看还是都别提了吧。

　　就让我来赞扬你吧：看你那强壮的胸脯、闪亮的牙齿和柔软的皮毛！我要赞扬你，直到声嘶力竭，像你问候你的臣民一般。我会为你挠挠肚子，直到指尖迸出静电为止。我睡觉时要枕着你，除非像你之前跟死花栗鼠滚在一起，不过那样的话我就要让宠物美容师伺候你了。

　　生活在大熊国王比约恩的时代是我的福气。吾将永远臣服于你，愿记忆永存！

　　　　　　　　　　　　　　你忠实的臣民，玛塔

亲爱的乐乐：

　　遇到你之前，我以为所谓的幸福与快乐不过是无形的情感而已——既无法感受也无法触摸。但从见到你的第一刻起，我就为你想好了名字——乐乐。现在你让我懂得，其实幸福的确是真实存在的。因为有你，幸福就能亲吻我的脸；因为有你，幸福就能跳到我的膝盖上；当我回家时，幸福会兴奋地转圈圈，把我逗得哈哈大笑。

　　非常抱歉那么多次我都因为出差在外，好几天见不到你。但我知道，当我回家的那一刻，你都会给我如同山崩海啸般热情的问候，真让人难以置信。要知道，你不过才7磅重啊！

　　我现在明白，幸福就是一个叫作"乐乐"的小东西！

　　这就是你带给我的感受……

　　　　　　　　　　　　　　　　　　　爱你的托尼

亲爱的佐伊：

　　写这封信的时候，你在我身边依偎着，总是那么亲近，随时准备接受我的爱。你集宇宙之精华于一身，你身体的构造完美无缺，纯洁和博爱的心灵让我们难以企及。事实上，我们人类知道的太多了，而你只懂得如何爱与被爱。

　　你教会了我的孩子许多道理，真是太感谢你了。你每天以身作则，展示给他们的东西我永远无法教给他们。你告诉他们什么是无条件的爱，什么是原谅；你教他们保持微笑，有客人第一次来访时，你会高高跃起，舔舔客人的脸；你告诉他们睡觉时依偎着，会觉得温暖又舒适；你教给他们长时间的散步和锻炼有助于消化；你告诉他们有个小球玩就能快乐一下午；你让他们知道如何成为忠诚而正直的朋友，也让他们知道哭泣时有人拭去泪水是件多么幸福的事情（跟你哭泣时有其他狗狗帮你舔去泪水的感觉一模一样）。当然，最重要的是，你让他们明白，在很多情况下，无声胜有声，只要出现在对的地方就已足够。

　　我知道这些话很空洞，对你没有太大意义，也难以充分表达我们的感激之情。所以从现在开始，为了弥补你，我会多给你两片鸡肉，多给你抛十次球，让你闻闻你的朋友猎犬夫妇居住的黑色锻铁邮箱，带你在雾中散步，为你挠挠肚子……我还会一直为你挠肚子。

　　随时随地秀出你的爱，这也许是你教给我们最珍贵的道理。爱与被爱才是最重要的，这点你早已知道。我们爱你，佐伊·比格斯。

　　惠特尼·比格斯与小比格斯们——杰克森和玛丽

亲爱的多萝西（小Ｄ、老大、小姐）：

　　给你写这封信时，刚一动笔，我已满含泪水，那是喜悦的泪水。"坚持不懈"这个词在字典中被定义为"在采取行动、达成目标或达到某种状态的过程中一直不屈不挠，特别是面对需要克服许多障碍、困难或沮丧的情况下才能完成的那种精神"。于我而言，你就是"坚持不懈"的典范。还记得那时我接到求助电话，得知你背部骨折、被主人抛弃时，曾担心自己什么也帮不了你。然而，当看到你在笼子里虽然一瘸一拐，却努力地来回扭动，并用尽全力、饱含着极大的爱意和热情向我问候的那一刻，我意识到你是个了不起的幸存者。

　　给你戴上迷你泳圈，放在我的浴缸里进行温水疗养，我们的旅程从此开始了。因为一碰到水，你便充满活力，那样子真让人陶醉。

妮可·布朗/多萝西

你装上滑轮的第一天就很轻松地适应了它，每当回忆此事，我便忍不住微笑。自那开始，你从未回头看过。尽管经历过许多事，忍受过许多苦，你仍能优雅地勇往直前，展示出成熟的应变能力。

你教会我一个道理：尽管生活之路困难重重，充满挑战，但我们终将战胜一切。你以如此坚强的态度面对所有的人和事，胸怀一股不能小觑的力量。最重要的是，你让我学会如何做到无条件的博爱、忍耐、客观，以及面对现实的正确态度。

多萝西，你是我遇到过的最自信、最厉害、最聪明、最可爱、最有趣、最坚强、最大胆、最无私、最勇敢的小狗。衷心感谢你让我成为你的主人。无论如何我都不会抛弃你，从你的养母变成真正的母亲是我人生中最快乐的一段日子。

或许你并未觉察，但你已经改变了我生活的许多方面，难以想象没有你我该如何继续。每当我下班回家，你总会摇摇摆摆、上蹿下跳，直到我把你拥入怀中，享受你甜蜜的亲吻，这是我一天中最幸福的时刻。你给所有见到你的人带去感动，特别是我。我爱你，小D，爱你的模样，爱你的精神，爱你赠予我的一切。

吻你！

妈妈

亚当·布朗宁/斯坦利

亲爱的斯坦利：

　　我还能说什么呢？每天清晨五点半准时被你叫醒，带你去散步，陪你玩抛球，你就是我的小闹钟。你陪我走过婚礼的殿堂，我不在家时替我保护妻子和孩子。你几乎什么都吃，而且总能保证把地板舔得干干净净。上次度假没把你带在身边，我便花了很多时间处理地板上的食物碎屑，别提有多费劲了。那时多希望有你在啊！最近作为"爸爸"的我不太称职，总是忙于工作和照顾孩子。我很想念带你去沙滩玩耍、去山上跑步的日子。我保证这些日子会很快回来的。看你在海浪中游泳，从沙图士山底湖中央的小船跳下的样子，是我生活中最大的乐趣之一。现在我要离开办公室了，我确信你一定会在家门口迎接我。明早五点半我会准时起床，继续带你看日出，陪你玩抛球。

你的伙计，亚当

蔻比·凯蕾/圆圆

嗨！圆圆：

　　我可爱的金毛姑娘！你给我带来的欢笑，比任何人都多。每次看我拿鞋、车钥匙、钱包或夹克时，你都以为我要带你出去玩，我喜欢你那充满期待的样子。你来自中国台湾，你把橡胶球当成世界上最棒的东西，还喜欢在任何有水的地方游泳（湖泊、河流、大海、泳池，甚至浴缸）。我喜欢你一看到有人洗淋浴就试着冲进去的样子，当然你的举止很礼貌；我喜欢一到夏天把你长长的金色毛发剃掉，让你重新变回一只小狗；我喜欢你蜷缩着身子的样子……你甚至不会伤害一只苍蝇，当然如果有其他狗狗欺负你，把你压在身下，你也会毫不客气，马上变身"街头阿毛"，让他们尝尝"跆拳道"的滋味儿。出完气后你又会变回温顺爱笑、等我抛球的圆圆。我喜欢你把脸靠在按摩浴缸上，赘肉耷拉下来的样子；我喜欢你从不乱叫；我喜欢看你喝水时，水顺着嘴巴流到隔壁屋地板上的样子。一系上狗绳，你就上蹿下跳，又抓又挠，自娱自乐；一看到有人拿着毛巾，你就以为又到了游戏时间，摆好架势开始拔河。我喜欢你所有的昵称（面条、宽面条、面条斯基、面面、圆宝宝）；你的名字很顺口，也很名副其实。有时你会边笑边盯着墙看，我会想"这姑娘到底在想啥？"你明白是我们救了你，所以你对现在的生活心怀感激。每次开车带你兜风，你都非常兴奋，在座位上蹭来蹭去，笑容满面地把头伸出窗外，让耳朵在风中飘荡。即便在高速路上风很大，你也不会躺下，只是把脸藏起来。我离开车一会儿工夫，你就挪到驾驶员的位置，好像要开车带我们回家似的。你是我的影子，总是一直跟随着我。马蒂刚来时总想亲近你，跟你一起睡，舔你的脸，亲你的耳朵，而你对他也一直很有耐心。你真是个小宝贝，一个有耐心的小宝贝。你是个有趣的伙伴，完美的家人。谢谢你，圆圆！

　　我非常非常爱你！

蔻比

马蒂：

　　你这个小捣蛋鬼！坏脾气的家伙！你有14磅重，8个月大，毛发凌乱得像个小朋克，你总是一副很拽的样子！尽管如此，我仍然欣赏你的勇气和胆量，我喜欢你每天早晨把我们叫醒，爬到我们胸前，在我们脸上舔来舔去，直到我们不得不把你推开。你可真够淘气的！

　　要是没有及时给你把食物备好，你就会冲着我们大叫。带你外出散步时，你会冲向每一只路过的小狗，但回到家里又变回温顺可爱的小马蒂，热情招待来访的小伙伴，你唯一想做的事就是——玩。

　　你太可爱了，总以为圆圆是你妈妈（其实不是！）。你总是把头埋到旅行箱里，把头发搞得凌乱不堪；你总是脾气暴躁，不是咆哮就是撕咬，就因为这样，我们把你叫作"愤怒的奥斯卡"。当然你喜欢依偎着我，这让我很欣慰。

　　我喜欢做家务时，把你抱起放在肩膀，你竟然能在我的肩膀上睡一小时。

　　我喜欢跟你在厨房小屋玩捉迷藏，也喜欢跟你在家或公园追逐嬉戏，但每次给你解开绳子，再试图捉回你就很费事，因为你总认为游戏时间不该有绳子的牵制。这对我可一点儿不轻松。

　　我每次收拾好行李箱，你都会把它弄乱，把我的内衣和泳衣叼走，铺在你的小床上，你好躺在上面，幸好你不会把它们咬烂。你喜欢在房子的各个角落收集鞋子，拖着鞋子跑来跑去，但有些对你来说太大了，这场面真是滑稽不堪。

　　你有一大堆昵称：小土豆、小臭孩、小笨蛋、马蒂拉提、奥斯卡（你生气时的名字），还有潘妮（你妈妈叫潘妮，有时候你很像她）。

　　你是只喜欢旅行的小狗，你在巴士上的表现很棒！你洗澡时也很听话，吹风机一吹，你就像八十年代的摇滚乐手一般。你实在太可爱了，可爱得无法形容，虽然有时你也让我难过……

　　我衷心地爱你，期待每天看到你！

蔻比

亲爱的皮克索:

我们那时还没准备好再要一只小狗。当时，小猎犬斯库特久病不愈，刚刚去世。他的离开让我们倍感空虚，我的丈夫、母亲、儿子和另一只吉娃娃皮卡都很伤心。偶尔，我们还能在地板上发现一缕斯库特又长又黑的毛发，这让我们伤透了心。

朋友发来电子邮件，我点击链接，看到了一只又小又瘦，刚获救不久的混血吉娃娃。"好的"，我说，"我可以去看看，但只是看看，绝不会把他带回家的。"办好必要的手续，取了驾驶证和支票（以防万一），我们就开车去看你了。当时我们还随身带着护照，尽管你"爸爸"认为我们根本不会用到。

丽贝卡抱着你在门口迎接我们时，我们压根儿没注意到你这个小家伙的存在，突然间你就出现了。你连1磅都不到，眼睛直勾勾地盯着我。从来没有哪只小狗用你那么直接、强烈的眼神看过我。我脱口而出："难道我是你'妈妈'吗？"

填写好支票我们就带你离开了。我把你裹在外衣里，为你避寒。我们给你起名叫"皮克索"，因为你真是太小了，跟屏幕上的像素一般。

你太小了，每次带你出门，都要抱着你上下楼。我们从未把你单独留在外面，因为你太脆弱。你害怕一切事物：下雨、刮风、落叶，还有乌鸦的影子。的确，你"爸爸"走到哪儿都抱着你，所以在新家的最初几个月，你的小嫩爪都没怎么着地。你俩都喜欢看棒球、拍合影。

因为家里安全舒适，没过多久你那狂躁的性格就展露无遗。你以每小时90英里的速度在屋里打着转冲刺，一冲就是几小时，完了就靠着沙发上的枕头睡午觉。但你最喜欢的娱乐活动是偷宝物，你会把偷来的东西藏到沙发后面。看看你那5寸深的小窝，全用来藏偷来的"赃物"了。你在的时候，大家的钱包都不安全，所以我们只好叮嘱不知情的客人一定看管好钱包，不要随意打开或放在地板上。口香糖、薄荷糖、钢笔、铅笔、纸张、支票簿和润唇膏等，都是你心爱的东西。

还记得你曾经把用高档羊毛制成的昂贵枕头撕咬成碎片吗？还记得修鞋匠劝我赶紧给你喂食，因为你总是咬我的皮凉鞋吗？还记得你偷吃了朋友钱包里的巧克力，甚至连铝箔包装纸也没剩下，结果花了一整夜在宠物急救室吗？

当然，这一切都能被原谅。看着你拼命玩耍，慢慢长大，带给我们拥抱和热吻，我们开心还来不及呢，怎么舍得怪你。明明是你救了我们，而不是我们救了你，这真是件有趣的事。

你最忠实的粉丝和家人

　　对我来说阿奇就是希望、爱、同情和安慰的象征。一见到他，所有问题统统烟消云散，他带来的爱和希望让我坚信总有一天一切都会好起来。我希望阿奇能把同样的感受传递给圣达菲的所有人。这便是阿奇对我的意义，希望你们也能对阿奇这只英雄小狗有同样的感受。完。

克里斯（11岁）

　　首先要声明一点，在这里我非常想念家人。阿奇对我意味着很多，就像家人一般。他帮我解决各种问题，是个很好的朋友，像我素未谋面的父亲。当我伤心的时候他会出现，他就是我的依靠，我能像对家人一般同他聊天谈心。我爱他。

艾米（11岁）

我会一直帮助你们的，孩子们。

对我而言，阿奇是这样一个朋友，他既不评判我，也不在乎我的外表。我需要他的时候，他总会出现在我身边。要是我哪天很沮丧，他便会哄我开心。阿奇就是这样一只小狗：你需要拥抱时，你就抱抱他；你感到孤独时，就带他去散散步，这总是很有效。要是他把口水滴到你身上了，没事儿，说明他很爱你。

泰勒（17岁）

初次见到阿奇时，我很兴奋，真是高兴得不得了。他身形魁梧，令人难以置信。虽然他老流口水，我仍然爱他。他是我最好的朋友，我每天都想看见他，真希望他能跟我住在一间小屋里。阿奇是我见过的最棒的治愈系狗狗，非常可爱，跟他一起游泳是件很开心的事。

他太可爱了，所有人都爱他，没人讨厌他。尤其对我来说，阿奇就是我的亲人，因为我从来没有过真正的亲人。每当我感到沮丧或狂怒的时候，阿奇就会出现。他对我太重要了。

他能在此陪伴我们，我真的很感激。

金伯利（14岁）

阿奇，又叫英雄狗狗。

克里斯汀·肯诺恩斯/玛德琳

亲爱的玛德琳(玛蒂、玛蒂斯、玛蒂甜心):

当我需要有人照顾时,你进入了我的生活。没过多久我又发现,我们是在互相照顾。你带给我的不仅是爱,还有真挚的友情和满满的幸福。

你帮我建起了"玛德琳的专属地"。因为你,我想帮助其他像你一样值得拥有爱和快乐,以及健康家庭的小动物。谢谢你选择我。你是个好宝宝,我希望也能做好你的妈妈。你要是我亲生的,我得爱死你了。

爱你的妈妈

亲爱的哈露：

　　你是我们这个疯狂、吵闹、活跃而又繁忙的家庭的重要成员。你无可替代，亲爱的姑娘。

　　我写这封信，希望让你知道你对于我们来说有多么与众不同。家里人都喜欢依偎你、拥抱你，带着你出去旅行，即使是从家到杂货店的那几步路。

　　我们可以把你放在自行车筐里，带你骑下沙滩，让你在沙地上跑来跑去，嬉戏玩耍。等你感到冷了，再用暖和的毯子把你包裹起来。

　　我们喜欢跟你一起打盹儿，跟你在后院里玩耍，也喜欢跟你一起跳蹦床，看着你飞起来的样子我们会咯咯傻笑。

　　可是，遗憾的是我们在家跟你玩耍的时间并不多。希望我们不要再那么忙，总在东奔西跑，让日常琐事填满我们的生活。抱歉，孩子们得上学，一周5天都在学校里，而我也希望工作的地方能离你近一些。

　　从宠物收养所带你回家的那天，我们曾发誓要用尽可能多的时间跟你一起玩耍嬉戏，抱歉我们总是太忙，没能做到这一点。但是我们爱你，希望你能懂。

　　吻你！

　　　　　　　　　　　　　　　爱你的凯特

梅根·德威德特/莫吉

亲爱的莫吉：

　　那天晚上我们正懒散地躺在床上看电视，你突然趁我毫无防备时跳上来，扑倒在我膝盖上，你可不是一只年纪轻轻的小狗了。貌似是电视里的火警吓到你了，于是我们把电视关上，让你伸展身子睡在我们中间。我半个身子被你挤得悬在了半空（这可是张双人床），接着我感到你放松了一下，然后才发现你在我身上撒尿。你年纪大了，大小便也失禁了。尽管这的确让人有点不舒服，而且你闻起来像是3个月大的老海绵（一种可以产生自然海绵的原始海洋生物）在水里泡了一周后发出的味道，但是我从来没想过要抛弃你。看，我有多爱你啊。

　　无论走到哪里，只要有你在，都能让我感到舒心。我淋浴的时候你就在旁边坐着看，这一幕无论经历过多少次我都难以忘怀。我喜欢听到你迷迷糊糊睡去前，那声心满意足的叹息。我知道你有多爱我，虽然你最想保护的是我的儿子文森特。我对此感激不尽。有时文森特睡午觉时你会大叫着把他吵醒，不过我愿意原谅你，因为你是在恪尽职守。要是我生气时向你说过什么难听的话，我要在此衷心向你道歉。

　　有时，你在家里困难地爬楼梯，我能从你如牛眼大的眼神中读出恐惧和疼痛。这些楼梯伤害到了你，也伤害到了我，因为这让我意识到你老了，不再像以前一样矫健。但是别怕，莫吉，我愿意倾家荡产给你注射牛血代血浆。我想，即使有那么一天你不再在我身边，我会难以承受，但你也会永远活在我们的记忆中，还有你那些永远黏在我们衣服和家具上的毛发。为了你，我决定不使用吸尘器。但是此刻，你正把散发着香水味的气息喷到我的脸上，让我感觉我是这个世界上最幸运的女人。

　　我爱你！

梅根

亲爱的艾瑟：

　　我全心全意爱你。你就是天使，是上帝之光。你善解人意，拥有你真是我的福气。

　　你教会了我人生重要的一课：勇敢去爱，即便失去，也要坚持。

　　谢谢你—— 亲爱的小姑娘，你就是个神奇的小家伙，将爱之魔咒赐予他人。

　　我爱你，艾瑟。永远不要离开我。

　　吻你！

　　　　　　　　　　　　　　　永远爱你的妈妈

亲爱的萨米：

你既柔软又可爱，既喜欢倾听又充满活力。你从不伤害他人，是我最好的朋友。

你见到生人就想打招呼。有时你会高高跃起，但通常你会在人们身边跑来跑去。

我们一起玩各种游戏，追逐、扔飞盘、弹滚珠，有时还互碰脑袋。你对摔跤很在行，使我们很难捉住你，因为你跑得太快了。

你超级柔软，当枕头正合适。晚上看电视的时候，你会一动不动地让我和欧文枕着。你总让我们给你在不同的部位挠痒痒，还来来回回地摇尾。我喜欢你想让我们帮你挠痒痒的样子，安静地躺在那儿等着，要不就过来找我帮忙。

欧文喜欢拍你，朝你扔东西。你那么聪明，总能把东西叼回来。我们不会骑在你背上，因为那样会伤到你。

你一岁大了，却是只神奇的小狗。

爱你的伊森

杜布瓦：

如果我能谈论一整天关于狗的故事，我可是有很多可以"咆哮"的。

我会告诉别人，当你进入我的生活时，我是多么需要你。虽然看上去明明是你需要我才对。

我会告诉你我有多爱你那大大的棕色眼睛，我要让你知道所有人都觉得你像一块小松饼。

我要感谢你能跟其他小狗友好相处。

我要让你知道你那些愚蠢的怪癖给我带来了多少快乐和笑声，我要让你知道当我回到家看见你开心地摇尾欢迎，我是多么幸福。

生命中能有你这样一个特别的"小男子汉"，真是我的福气。我不会再见到比你更好的小狗了！

永远爱你！

希拉里

切特·福瑞思/甘纳

亲爱的甘纳：

在这样一个艰难的时刻，你进入了我的生活。我刚从伊拉克回来一年，之前所熟知的世界和我的全部生活，都已不复存在。我已对战区的生活习以为常。这个伟大的国家，以及我为之奋斗的开放和自由，变得那么陌生。我在伊拉克的经历，使我在情感上变得麻木。我无法再表达自己对生活的热爱。我离开了美丽的妻子和两个年纪尚幼的儿子，曾经我是那么爱他们，但当我回来后，却发现已经没有能力去感受或表达对他们的爱了。我感觉我的世界四分五裂，但不明白到底发生了什么。我在哪里都感觉不安全，杂货店、孩子们的学校……甚至在周围散散步都让我筋疲力尽。我反复做着噩梦，惊醒后梦魇还萦绕不去，难以释怀。我极度需要帮助。

就在这时，你的到来给我带来了希望。你随时随地陪伴着我，即使去之前我极力回避的地方，我也会觉得很有安全感。你提醒我世界上每天都有美好的东西，都有爱。你教会我如何去原谅，去忘记。我倍感压力的时候，你会帮我放松。最重要的是，你给我和我的家庭带来了一缕阳光，对我来说，你就是整个世界！我用语言难以真正表达你对我的重要性，我只想说，谢谢你，甘纳，我的朋友。

你每一个温柔的触摸和细心的举动都让我意识到，虽然战争是可怕的，但它永远只是生活的一部分，就像那些响应召唤，为国服务的人们。至于我们到底是谁，这并不重要。

美国海军中尉切特·福瑞思，
于佛罗里达杰克逊维尔海军医院

斯托米：

　　你爸爸，恰好也是我丈夫，总是指责我爱你比爱他更多。虽然这些年来我一直不承认，但最终我不得不告诉他，是的，我就是爱你更多。

　　要是他能像你对我那么好，也许情况就不同了。他应该像你一样，无论我何时到家，都会跑到门口迎接我；他应该像你一样，无论我何时想出去散步，都会高兴地跳上跳下；他应该像你一样，无论我做什么晚饭给他吃，都会安静坐着，认真等着；他应该像你一样，一听到我叫名字就马上过来；他应该像你一样，一边陪我看我最喜欢的电视剧，一边亲吻我。我就是个这么容易满足的人。是的，我的确爱他，但远不及爱你多，你这个可爱的小家伙！

爱你的妈妈

亲爱的昌克：

　　给你写一封感谢信，就是我现在要做的事情。我承认我有点弄不明白为什么要给你写这个。我觉得要是别人给了你什么礼物，你确实该写封感谢信，比如人家送你一台Ms.Pacman的大型游戏机。因此无论如何，昌克，我觉得应该写感谢信的是你才对。但鉴于你没上过学，我也不清楚你喜欢用什么样的笔，更别说用哪种抬头纸了。算了，还是让我自己来搞定吧。

　　感谢你每次从宠物美容师那回来，允许我把愚蠢的印花头巾围在你的脖子上。我知道其实你不太乐意，但这的确让你更有魅力了。这种装扮完全与你超然脱俗的气质不匹配，但你却欣然接受了，就凭这一点，也应当送给你掌声。感谢你成为我唯一亲密的朋友，虽然你从没说过一句话；感谢你守护房子；感谢你让我说谎——我刚说了"感谢你守护房子"这句谎话；感谢你不把便便拉到地板上；感谢你吃饭时那么有礼节；还有，感谢你不是一只猫。

　　我第一眼看到你时就知道你是我的狗，相信你也是这么认为的（虽然是我的助理把你从狗篮里抱出来的）。所以，让我再说一次，感谢你使我成为你的妈妈，你将永远是我的宝贝。

　　好好保存这封信，我可能不会再给你写信了。要问我你有什么缺点，那我只能怪你没有跟我一样的手指，不然你就可以陪我玩游戏机了。这样你就更完美了！

　　　　　　　　　　　　　　　　　　　　　　　　爱你的切尔西

奥利弗 (奥利、奥利弗·爱因斯坦、小木偶、小面条、小甜豆):

我每次看你时都很惊讶,想知道你到底是谁(从哪个星球来的?)。你像人类,也像毛绒玩具,你像个异想天开又滑稽可爱的卡通人物(特别像吉姆·亨森笔下的角色),全身覆盖着金色的长毛。你从不放弃,我对你的爱真是难以用语言来形容。

就在两个月前,可爱的简思帕因为恶性肿瘤去世了,我和马克思非常伤心,很显然我们都没做好再收养一只小狗的准备。

简思帕刚去世的第5天,我父母让我带他们再去收养一只狗,我当时只想说不。但我没有,如果因为简思帕的去世,我就放弃照顾小动物,这是不应该的。虽然很艰难,但我还是带他们去了宠物收养所。当他们跟每只笼子里的小狗问好的时候,我忍不住泪如雨下。父母把他们感兴趣的狗狗名字写在纸上。等我们从长长的走廊退到大门口,最后终于到家的那刻,我充满了感激。

可就在我们快到出口时,路过旁边的一只笼子,当时工作人员正在往里面放新来的小狗,而你就是那只小狗。不知出于什么原因,我们上前向你打招呼。虽然你一副乱蓬蓬、脏兮兮、瘦骨嶙峋的样子,但在刹那间,我却特别想要你。我把自己的名字写在你的名字旁边,他们会把所有无家可归的小狗寄存5天。我当时确信一定会有其他人来收养你,但是最后却没有。

我真幸运。

你每天都给我带来欢笑。不论是在池塘边还是在院子里,当你全速奔跑或无缘无故突然俯冲向前翻筋斗的时候,简直把我乐翻了。当你站起来,用后腿支撑着想好好看看灌木丛的时候,就像个多管闲事的邻居。

你对我意味着很多,奥利弗!

我们都爱你，连别的狗狗也不例外。你有很多朋友，我猜你的社交生活比我都丰富。

　　你是我见过的唯一一只得到曲奇饼干不赶紧吃掉，而是要存起来等以后吃的小狗。有时你甚至会等我办完事回来，叼着饼干在门口迎接我。可以说，你是上帝赐给我的礼物，奥利弗。我喜欢你又大又黑的鼻子和富有表现力的眼神，你的眼中放射出光芒，充满友爱和活力。每天早上你跳上床拥抱我时，你那可爱有趣的小脸是我一天中见到的第一件东西，而我每晚亲吻你的额头给你说晚安好梦时，你的小脸又是我这一天见到的最后一件东西。谢谢你给我的生活带来了喜悦，谢谢你努力让我们的家有了家的感觉。

　　吻你！

你的妈妈

马瑞尔·海明威/宾度

亲爱的宾度：

你有时小，有时大；
有时苗条，有时肥胖；
有时邋遢，有时高贵；
有时懒惰，有时顽皮。
你是一个披着狗皮的小精灵，
你是我真正的挚友。
在我最艰难的时刻，你蜷缩在我颤抖的身体旁陪着我，
你吹着口哨，打着鼾声进入了我的世界，
没有你我也将会不完整。
我爱你，宾度！

妈妈

布达——我家的高等公民、我毛茸茸的孩子：

你跟我一起在"八哥星球"上将近生活了13年。

在你5岁半那年，我把你带回家，当时谁也不知道日后你的光芒会闪耀整个"星球"。

如今你已失明，你让我明白每天见不到光明的日子该如何度过。你需要四处定位才能找到你的妻子——黑色的小八哥萨比娜女士，以及年轻一点的八哥犬奥蒂斯和吉娃娃布巴。

你是我的人生导师。你在你的生命中每向前走一步，我都会紧紧跟随。在你准备好的时候，我会帮你去另一个世界，对此我很荣幸。我爱你，我可爱的、失明的小男孩布达。

你所赠予我的远比我能给你的要多。如果有一天你不在了，我会找些短短黏黏、浅黄色的八哥犬的毛发，让自己淹没在这些充满爱的毛发中。

"八哥星球"万岁！

芭芭拉

琳达·伊斯瑞尔/图拉鲁

亲爱的图拉鲁:

　　每天和你在一起让我们的生活更加丰富。你的存在让我认识到我们身边有很多神奇的事物,比如花栗鼠和邻居家的麋鹿。你对我的爱慕让我受宠若惊。你教会我何为自尊,何为无条件地去爱。我喜欢每天跟你散步,看你闻闻这闻闻那,我以为"你在阅读邮件";我喜欢你跟我在外面玩耍;我喜欢我们一起跟朋友分享的时光。你爱我的方式让我感到自己与众不同,但真正与众不同的是你! 是你让我一直对生活中的新鲜事物保持好奇心。

　　可能你已经知道,你是只特别受欢迎的小狗。谁知道你为什么有这么大的吸引力呢? 人们就是喜欢你,看到你时就想摸摸你。你也照亮了他们的一天。

　　记得那次我们在商店里,有个小姑娘想摸摸你,你主动跪在地上让她能摸到你。虽然你有100多磅重,但你对每个你遇到的人都充满友善和温柔。

　　每当你在湖中抖动湿透的黑色毛发时,我就称你为"彩虹制造者"。看着你活蹦乱跳,我的心也笑开了花。我喜欢看你坐在外面观

察周围的世界,特别是在雪天。你的这种单纯而自然的行为把我带入了一种平和的状态,我想这就是狗狗散发智慧的时刻吧。

我希望能有更多的时间沉浸在你创造的平和的安静中。你带给了我一个真正的家,感谢你与我共同分享生活。

爱你! 爱你!!!

你的仙女妈妈

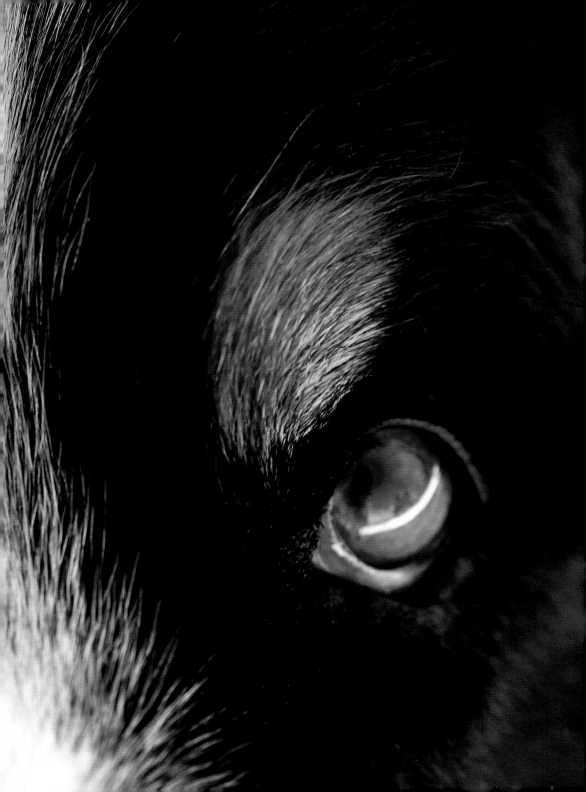

亲爱的库珀（库普、库皮、库普斯）：

我们从哪儿开始呢？被我们收养前，你叫作"好莱坞"，你从来没有辜负过这个绰号。你是我们家的明星，当我们搬新家后，邻居们最先知道的是你的名字，而不是我们的。看着你前前后后摇摆着Q型的卷毛尾巴，谁能不动心？看着你优雅地扑倒在地，肚皮朝上，伸着舌头，瞪着棕色的大眼睛渴求人们给你挠挠肚子时，谁能不受诱惑？我们都知道你是个困在狗狗身体里的人，这很明显，因为从你满是皱纹的表情和侧面看上去，你正试图告诉我们你应该用双足站立，而非四肢。但这无所谓，事实上，你鼾声过大，以至于惊醒了宝宝；你总是掉很多毛；你讨厌下雨，讨厌得这么彻底，直到后来才发现你竟为此躲在家里，这真令人惊讶！但与你的优点相比，你的缺点很少。你用亲吻的方式感动大家，一听到宝宝的呜咽声就立刻跑过去，你认为自己是只小狗，但实际上35磅多的你就是一只很沉的包。你给予我们的爱是无限的，是无条件的，是溢于言表的，甚至比生命本身还多，这就是为什么我会如此爱你，尽管你不会理解我爱你的方式。我可以连续不停地赞美你那迷人的气质，可是你把爪子放在回车键上，让我无法继续。我很庆幸自己能认识你，小伙子。我们心中将永远会为你保留一个特殊的位置。

爱你的妈妈、爸爸和2岁的宝宝

亲爱的帕尔默：

我有种强烈的感觉，在你来之前，我们家好像一直少了什么重要的东西。第一次见到你时，你才4周大，但那时我们就认定你了。你屁股上有一小撮白色的毛，你爱大吃大喝，你喜欢"无耻地"仰着身子睡，爸爸就是因为这些才选了你。而我呢，我就觉得你顺眼，给我某种特别的感觉。

2011年6月26日，我们把你带回家。自那以后，我们的生活充满了欢笑、友爱和你的深情之吻。原来，这就是我们家之前所缺失的东西。你嘴里叼着棒球还坚持大叫；你热衷于每天早晨6点起来狩猎和捡木棍，我们常能在你暗含恐惧和惊讶的尴尬叫声中辨认出你的声音；每当有人叫你时，你还会突然间爆发出狂乱的兴奋……你总在寻找办法逗我发笑，特别是在我最需要安慰的时候。

你最让我喜欢的，是你看我时的样子：眼神中透出完全的信任，温柔地安慰我，还安静地表现出主动保护我（非占有我）的忠诚。不用太努力，也不必太费事儿，你就可以看到最好的那个我。其实，展现在你面前的我是最真实而随意的。你不在乎我的穿着、职业和出身，你只会全心全意地爱我。你的一个眼神就让我明白你是爱我的，你相信我做出的决定。你对我的信任那么慷慨无私，那么振奋我心。

感谢你带给我欢声笑语；感谢你一大早把全身重量压在我背上给我拥抱；感谢你陪我在厨房做晚饭，让我不感到孤单；感谢你在我回家时表现得如此兴奋；感谢你充满热情地去发现每个人身上的闪光点，并相应地去问候他们。简单说句"我爱你"难以表达我的感谢，但我希望能更多地补偿你，给你挠痒痒，经常带你去海边，给你枕我的枕头，偶尔把盘中的鸡肉分享给你。

没有你我们家就不会完整，感谢你迄今为止给我们全家带来的幸福。我们期待你能给我们带来更多欢乐的笑声和美好的记忆。

爱你的妈妈

珍妮弗·拉法奇·佩里/贝莉梅

亲爱的贝莉梅：

你的名字虽然叫贝莉梅，但会根据每天的情况随时变化，在我眼里，你还是鲜虾吐司、大肥牛、小讨厌、小可爱。

你最爱的娱乐项目：

查看每扇门的情况以确定我们的行踪，一旦发现我们便立即发出尖锐的犬吠声；有秩序地把厨房桌子上的所有东西移到后院，再把后院的东西挪回厨房；把从圣莫妮卡的高档商店买回的纸箱毁得七零八落；注视所有飞行的物体。

你最爱的玩具：

人类弯起的膝盖、突起的枕头、有波浪的地方、商店里昂贵的地毯（可以很好地满足你自行挠肚子的需求），还有各地的费尔蒙特酒店（这爱好应该是后天养成的）。

你最优秀的品质：

你拥有马的姿态和毅力，可以用16英寸长的有力四肢一口气跑完6英里的路程。你工作态度认真，强忍着喷射性呕吐拍完最后一张照片。你对戴帽子的老人情有独钟，因为他们中的许多人，经验丰富，会随身带着狗狗饼干……你甚至对在威尼斯海滨大道上处于康复状态，并且牙齿有点脱落的文身青年很有好感。你是民主党派。有时候你真比我的孩子还要聪明。你向所有人打招呼，他们就像是你失散很久的老朋友一样。

你的本性：

　　你是我小女儿18岁的生日礼物……却被毫不留情地还了回来。我的女儿正在与毒瘾进行一场赫拉克勒斯式的抗争，而你却在这条艰难的路上勇敢而坚强地陪伴着我们。在女儿康复过程中的许多日子里，你那清澈的棕色眼睛放射出的积极向上的光芒，以及每当我们到家时，你用后半身跳起欢迎我们的蜜蜂舞蹈，都像滋补品一样，让我们对新的一天满怀信心。总而言之，尽管重达20磅，你已成为幸福的代言。

珍妮弗

亲爱的小猴：

一开始我认为是我救了你，但很快我发现其实是你救了我。

从收养所带你回来后，我根本没想到你会如此迅速地融入我的生活。在我的一生中，还从没见过像你一样这么有性格、这么有活力的小狗。我知道你无法代替我挚爱的阿莉，如果她还活着，那应该是你的大姐姐，但是你却让我懂得了我还拥有继续爱的能力。

人们总是打断我问："她真可爱，是只什么狗啊？"我会很骄傲地回答："就是只独特的小狗！"

感谢你让我有理由编些奇怪的歌曲唱给你听，感谢你允许我每天上千次地亲吻你的脸颊。最重要的是，感谢你提醒我——狗狗可以无条件地给予我们爱。

我爱你！

你的妈妈，罗宾

亲爱的阿尔伯特：

　　你是我们从收养所带回来的小家伙！要是你能讲话，我确信你知道我在做什么……

　　每当一个人收养一只动物，他就创造了一个小小的奇迹。你是恰好不小心出现在我们星球上的小生物，你就像所有超级英雄的集合体，因为无论何时你都能把各种糟糕的事物重新变得美好。

　　我们永远爱你！

　　　　　　　　　　　　　　　　　　　　　　　妈妈

亲爱的达芙妮：

　　最开始，我是打算去收养一只猫的，但恰巧看到你那大大的棕色眼睛从一只笼子里向外注视着我。救助站的工作人员告诉我，你是在街边的盒子中被发现的，还没有完成所有的免疫注射。如果我想见你，就必须带走你。你把小爪子围在我的脖子上，把头搭在我的肩膀上。那时我就确信我们会成为最好的朋友。

　　我哥哥刚去世时，你一直睡在我旁边，每晚我的眼泪都会流到你的毛皮里，你简直就是我的纸巾盒。有天晚上，我大声对你说，你不会明白你对于我来说有多重要，但你马上把爪子放在了我的手心里。那一幕我永远不会忘记。

　　我们一起欢快地在沙滩上奔跑，一起为节日盛装打扮（也许这不是你喜欢的事情），一起午睡很长时间。你见过我的每一个男朋友，而且对他们每个人都很友好，虽然他们可能都没给你留下过深刻的印象。

　　你是我的宝贝女孩、我的依靠、我的小淘气鬼，我非常爱你。

　　吻你！

汉娜

阿尔曼多·马丁内兹/罗斯科

罗斯科是我的小狗。我爱他，他爱我。

他把爪子伸给我，但从不咬我。

他跟着我跑，高高跳起，扑向我。

他帮忙赶走陌生人，他的叫声又吵又有趣。

罗斯科是只大狗，经常打鼾，总是咆哮。

我一回家他就高兴，所以我会亲吻他。

我们一起长大，他今年5岁了。

他长得有点像我，我喜欢跟他一起爬山。

他是我最喜欢的小狗，我爱他，因为他不会吃人。

阿尔曼多

亲爱的闪闪：

这封信已经拖了很久。亲爱的，这是妈妈写给你的一封情书。至于为什么我会称自己为你的"妈妈"，这是个秘密。我想是因为斯宾塞把你当作他的兄弟，而我是斯宾塞的妈妈，所以……这让我有点……你知道的……

我曾经读过一首诗，因为过了很久，已经忘记那首诗是如何表达狗狗的想法的，它好像是这么写的：

你要吃这个吗？
你要吃这个吗？
你要吃这个吗？
我要吃这个。

虽然我们之间的一些交易是以食物为核心的（你想吃，得从我这里要），但远远不止这些。

我们在一起的这8年中，每当你看我的时候，你的眼中无时无刻不充满着爱。我们公寓的看门人约翰称你为"爱笑的小狗"。你的微笑看上去的确是发自内心的。我的父亲是个很有智慧的人，他每次散步都要有邻居家的狗狗跟着才行，因此他常说："狗狗看到了他们的上帝。"

所以闪闪，我决定给上面那首诗写个结尾。我觉得你在思考的是：

你爱我吗？
你爱我吗？
你爱我吗？
我爱你。

如果这是对的，闪闪，那我要告诉你我是真的爱你。如果你做梦都想多吃点昨晚的烧鸡，那没问题，这就满足你。

感谢你，闪闪！

爱你的妈妈

亲爱的雅典娜：

　　我正给"今日秀"节目写一篇关于狗狗在养殖场遭受虐待的故事时，从志愿者那里听到一则关于一只标准大型母狮子狗差点被残忍的养殖场主殴打致死的消息。一位工作人员把她解救出来，送到一家收养所。当时她的鼻子被打断了，身体血流不止。她在收养所接受了手术，缝了60多针，但最终还是活了下来。这个悲惨的故事行将结束之际，故事的主人公正把她的下巴搭在我的腿上。这只狮子狗就是你。我给你取名雅典娜，符合你女神的身份。自那时起，我们一直生活在一起。我对你生命中的前7年感到悲伤，那段日子你住在养殖场，要在水泥地上那过度拥挤的狗窝里忍受东北部的严寒，连暖气也没有。但是接下来的6年我却为你高兴，这段日子你可以去做宠物美容，被人照顾，被人爱，同时还有了很多兄弟姐妹、妈妈、爸爸，以及非常爱你的希腊裔祖父母。

　　很抱歉我们没能早一点和你在一起，但能与你共度此刻我倍感幸福。

　　我爱你，大姑娘！

妈妈

安娜·米亚基/克罗斯比

亲爱的克罗斯比：

　　你是我最好的朋友。你在许多方面让我感到与众不同。当我伤心的时候，你总会出现在那里，无论发生什么。我知道你是值得依靠的伙伴。

　　你是如此的甜美、可爱，又俏皮，有时还会陷入麻烦。但没有什么能取代你。我喜欢你滚到我肚子上，流着口水使劲舔我。

　　我向父母请求了4年多才得到你。无论你陷入什么麻烦，我都会永远爱你。

爱你的安娜

　　附言：你漂亮的皮毛在风中飘荡时，看起来很美。还有，别再吃我的袜子了。

亲爱的萨米：

很高兴能拥有你。每当我心情低落时，你总会跑过来把头靠在我的肩膀上；每当我发疯时，你总会用鼻子轻轻碰碰我；要是我坐着，你就会跑过来坐在我腿上；有时我感到厌倦了，你又会叼着小球跑过来陪我玩，逗得我哈哈大笑。有一天你跟在一辆拖拉机后面跑了，我很伤心，不知道没有你的生活该怎么过。因为一直找不到你，我们就开车回家了。谁知你竟然坐在走廊上等我们。每当我划破手指，你都会帮我舔伤口。你在家里特别淘气，不得不裹着尿布，因为你会在家里到处撒尿。你不是只听话的狗狗，但我仍然爱你，因为你是只可爱有趣、乐于助人又超级棒的狗狗。你什么都吃，就是不吃面包。我喜欢你偷吃我妹妹的三明治时，留下面包不吃的样子。你是世界上最棒的狗狗。我一直爱着你，也将永远爱着你。

你最好的朋友，莎拉

亲爱的艾拉：

　　你右眼中的那份平和不见了，但仍然闪烁出耀眼的光芒。在这12年中，你目睹过很多事。你跟在农场拖拉机后面，见过人们天天耕种蔬菜，除草，再除草。我知道你会问："真的吗？我除过这么多草吗？"你到格里芬溪游过泳，秘密地游泳，那时冷得天都变色了。你跟弗拉什和萨拉一起玩耍过；你见证过两个男孩的出生；你随我们驾车穿越全国，还见证了夏令营里发生的爱情，甚至还遭遇过朋友的失踪；你与肝癌抗争过，每一天都和我们一起心怀感激，谱写新的篇章。你舒缓的鼾声和游泳时散发出的独一无二的香气让我们感到踏实，并给了我们远大的愿景！保持微笑，努力地生活，永远心怀希望。你那无尽的甜蜜填满我的心田，你在冰冷澄澈的水中向前划行的样子给我们带来了纯真的快乐和一个简单的道理：快乐其实很简单，只要一个球、一片湖，再打个滚儿就够了！

　　我们爱你，艾拉小姐！！！

文迪

亲爱的普林塞斯和佩蒂：

我已经亲自对你们说过很多次，但每次向你们开诚布公时，你们都毫无表情地盯着我，不作回应。鉴于此，我打算写这封信以期你们能做出点回应。信要写成什么形式呢？放在枕头下的正式书信，甜蜜的感谢便条，还是广告文字呢？你们自己来读一读吧。

我爱你们。我爱你们每一个，我爱你们在一起，我爱你们是小可爱。我爱小狗胜过爱人类，这不是什么秘密，因为我天天对你们讲，对家人讲，对其他养宠物的陌生人讲，还在NBC谈话节目上讲。我爱你们的原因跟其他小狗主人在他们的写作中给出的原因是一样的，所以我不打算再说一遍。好吧，就说一些吧。我爱你们，因为你们从来不问"你今天过得如何？"或者还会告诉我你们这一天的情况；我爱你们，因为我们永远不用讨论房子有多大或者孩子要上什么学校；我爱你们，因为我从来不需要告诉你们收养小狗和购买纯种狗的利弊，也从来不用提醒你们去投票。

我们对电视节目有类似的偏好，看电视的时间也相同，这让我很开心。而且我们永远不需要对电视中提到的文明衰退问题发表意见。我爱你们，因为我不需要问"不在家时，你们有没有想我？"，因为每当我回家，你们还在我走之前待过的地方待着，而我的旅行箱附近总会出现你们的一撮毛；我爱你们，因为你们会长时间充满爱意地注视我，让我不用去想"是不是需要吃块薄荷糖清新下口气？或者画画眼线，还是注射点肉毒杆菌？"……永远不用。

我爱你们，因为你们对于我来说是这个地球上最诚实、最深情、最真切的生物。而且你们从不挑食，给你们准备晚餐不需要刀叉、茴香、大蒜，或者特殊的无麸质杏仁奶。

感谢你们，我爱你们！

凯西

罗丝·奥多娜/蜜茜

亲爱的蜜茜:

在我受伤的心灵需要抚慰时,你来到我的生活。看你紧紧依偎着我,随时准备给予。

你在我的怀中度过最初几周,在我的运动胸罩中探头探脑。

你是另一个罗克茜,你的那个充满活力的姐姐,虽然她比你重一倍,你却可以对她呼风唤雨,招来唤去。

感谢你的爱,你的坚持,你的温柔。

我爱你!

罗丝

附言:你会用小便槽了吗? 我知道屋子很大,但咖啡桌下的小地毯已经被清洗过40次了。来吧宝贝,你能行的。

亲爱的皮克尔先生（小伙子、我唯一的男人）：

我从内心深处爱你、倾慕你，感谢你忍受我长时间的工作和旅行。

感谢上帝在2009年的夏天把皮克尔放在了第八大道和14街交界处那家人的窗户上。

现在我的生活因你而完整。塔特姆有皮克尔，皮克尔有塔特姆，这是个爱情故事。

终。

塔特姆

致我的天使们、宝贝们、孩子们、生命中的挚爱——
阿夫顿、塔扬、奥诺里和吉达：

　　阿夫顿，我的大儿子，你是个有野性的男子汉，也是我们的保护神，但在爸爸面前还是个小男孩；最亲爱的塔扬，我的白骑士、温柔的天使、最最笨的可爱男孩；奥诺里，我的"女神"，美丽、野性、疯狂又可爱的女孩，我知道你非常爱爸爸；吉达，在荣耀面前欢腾的女孩，可爱、害羞，眼睛里满满都是爱——我的孩子们，我对你们的爱难以用语言表达。

　　你们给了我生活和爱，逗我大笑，哄我开心，你们是真正的好朋友——你们对我意味着太多，你们是我的家人。

　　你们这些小天使都是上帝赐予我的，对此我深表感激。

　　美丽的孩子们，爸爸爱你们！

肯

皮特、保罗、玛丽和阿尔多：

　　我一到家，你们四个就一哄而上地冲过来，无论我今天过的是好是坏，你们总是带给我爱。

　　要是今天工作压力大，过得不顺心，只要一回到家，哄着你们玩，看你们见到我那么开心，跳上跳下，玩耍嬉戏，我就感觉压力顿消。

　　每次带你们去散步，或在院子里玩耍时，我就会感到自己能给予这个世界更多的东西，这也是你们四个使我做到的。

　　为我工作的人必须得给你们颁发奖牌，因为如果没有你们四个陪伴我，我的日子会比现在难过很多。

　　你们给予了我无私的爱和保护。

　　有你们在身边，我别无他求。

　　感谢皮特、保罗、玛丽和阿尔多，你们让我过得更好！

泰勒

泰勒·佩里/
皮特、保罗和玛丽

亲爱的酸黄瓜先生：

你是我的小伙计、小保镖。你看我的眼神放射出爱的光芒，斯蒂维把这称为"看妈妈的目光"。我起床，你也起床。我喝咖啡，你也喝咖啡。但你不能再跟我学了，我熬夜工作，你也不睡觉陪着我，这可不行。你是我的小心肝，我如此爱你，一旦离开你跟泰迪超过一个星期，我就会感到心痛，真的很心痛。我觉得你是给我智慧之语的男孩，而泰迪则会告诉我人生就是"活着，活着，活着"，就像唠叨的姑妈一样。

酸黄瓜先生，我有个很有趣的想法——想象下面这封信是你写给我的：

妈妈，我非常爱你。你总是照顾着泰迪和我。泰迪有点被宠坏了。他见着什么都要拱，但你却说因为他在街上，需要保护自己。难道这就是每次你给我们骨头，泰迪既要他的也要我的的原因吗？通常我都会把自己的也给他，但我不明白为什么我每次从他身边走过，他都会对我咆哮。另外就是你知道泰迪会拿他的玩具，让我去玩。泰迪应该是个棒球运动员或跳高运动员，他能把松鼠扔那么远，然后我们一起去追，但我不明白他怎么能跳那么高。他一定精力充沛。我喜欢你跟朋友们说我是哈佛毕业的，而泰迪是艺术学校毕业的。妈妈，我像你一样爱你的"鞋子"。我也爱你的咖啡、红酒和酸乳酒，我是你最好的食客。我知道我吃饭时很挑剔，但我只喜欢吃家里自制的食物。我喜欢你早上给我们做鸡蛋吃，还把鱼油放在里面，告诉我们这样有益于我们的皮肤。莉迪亚给我们洗澡的时候，我喜欢她把精油涂到我们身上，这样我们闻起来很棒，你也会因此多亲亲我们。这几年我跟爸爸的感情也变得亲密了——自从甜豆姐姐去世之后。哦，泰迪，住手！我还没写完呢……

亲爱的妈妈，是我，泰迪。你还记得我是在木茨宠物救助站跳进你怀里的吗？那时你正在去拉蒙特农贸市场的路上。你当时说："我不需要另外一只狗了，我已经有两只了。"这被我听到后，我就开始不停地舔你，用鼻子蹭你的脖子。这招还真灵。你告诉工作人员先把我带回家，看我能不能跟你的另外两只小狗相处好。一到你家，我特别兴奋，因为看到了两个新玩伴。当时爸爸问救助站的工作人员我叫什么名字，他们说我叫"泰迪"，接着爸爸就说："他是我们的小狗了。"我很感激救助站工作人员叫我"泰迪"，要不谁知道我现在会在哪儿呢。这就是缘分吧。我叫"泰迪"是因为一个跟我重名的国会议员吗？我听到你跟别人讲，当议员泰迪·肯尼迪去世时，你想纪念他，因为他曾经不遗余力地为"人民"抗争，所以你决定去收养一只小狗，并命名为"泰迪·肯尼迪"。我喜欢这个故事。我猜这就是为什么你的一些朋友会叫我"议员"。那个纽约来的米歇尔·盖伊就这么叫我。酸黄瓜先生有昵称吗？我觉得泰迪·肯尼迪这个名字酷毙了。有些事我要告诉你，我喜欢你做的饭，你给我什么我就吃什么，不像酸黄瓜先生那么挑食。妈妈，每次酸黄瓜先生准备去睡觉时，我都会假装已经睡着了。这样你就会抱起我像哄宝宝一样哄我。我用爪子挠挠你很管用，但是爸爸却不喜欢。你在床上的时候我会把爪子放到你的肩膀上，这样你就知道我就在你的身旁，你会觉得我可爱。不过，有时候这样挺管用，有时你会把我放到我的笼子里，我不喜欢笼子，酸黄瓜先生喜欢……

露露

亲爱的泰迪：

你的到来就像一首歌，照亮了我们的日子。你很疯狂，但我们爱你。你不停地给我们制造欢乐。你能娴熟地叼着爸爸的雪茄走来走去，或者吃掉花园里所有的番茄。没有什么能让你停下。谢谢你，泰迪，我的另一个小伙伴，谢谢你来到这里，为我们的生活带来这么多爱。

注：英文中的单词"上帝"反过来拼写就是"狗"，这还用我多说吗？

露露

亲爱的、可爱的小熊：

　　你在我最需要你的时候发现了我。我看你的时候，感觉我们似曾相识。我想我知道是谁指引你来到我身边。你被抛弃在那条路上，并在那天与我相遇，这就是命中注定。

　　你用温柔的甜蜜治愈了我受伤的心。有人说是我救了你，其实是你救了我才对。

　　　　　　　　　爱你的凯莉

吉尔·哈伯特/佩蒂

牛仔、C.J.和甜豆:

I 代表"无法抗拒",每次见面我都无法抗拒你们的魅力,想要拥抱、亲吻你们。

L 代表"语言",这是我们互相沟通的特殊方式。

O 代表"着迷",我承认我对你们着迷了。

V 代表"胜利",我把你们都解救了,这是伟大的胜利。

E 代表"表达",你们的眼睛和独特的脸颊,每次歪歪头,都会融化我的心。

Y 代表"你们",没有你们,我的生活将不完整。

O 代表"显而易见",在朋友眼里,我爱动物胜过爱人(难道这样不好吗?)

U 代表我们之间"无条件"和"难以置信"的爱!

爱你们的妈妈

亲爱的KJ：

　　难以想象没有你我该怎么过，我一点儿也不愿去想。你帮助我战胜癌症——舔我的光头，把你可爱的小脑袋放在我感到痛的地方。
　　你是怎么知道的呢？
　　我爱你！

　　　　　　　　　　　　爱你的罗宾

艾米·克鲁斯·罗森塔尔/库格

亲爱的库格：

　　我要讲述的事情发生在8年前一个特殊的星期二晚上。我们的保姆艾米丽在来我家路上的一个加油站，看到了令人伤心的一幕：一个瘾君子为了几块钱要卖掉你。善良的艾米丽救了你。她进门时，把发生的一切告诉我，她把你放在停于街尾的车里（车窗都快被你敲开了！），并打算下班后把你送到宠物收养所。我真希望告诉你我当时说的是"快把那个可怜的小家伙拿到我们家里来！"但是因为不想找麻烦，我并没这么说。我说的是"不管你怎么做，艾米丽，请不要把那只狗带到离房子近的地方，也不要让他靠近孩子们。"我对此深表歉意，库格。但是11岁的贾斯汀、9岁的迈勒斯和7岁的帕丽斯在他们很小的时候，就向我提过养一只小狗的愿望。我对他们的回答依心情而定，如（a）不，绝不，你们知道我不喜欢狗；（b）不，绝不，我不会去照顾另外一个生物；（c）不，绝不，我连植物都不想养，晚安。

　　几小时前，孩子们都放学回家了。贾斯汀要帮邻居遛狗，所以他按照平时的路线出发了。我到后院的工作室写文章，如果我是个会计而不是作家，我就能更好地弄清楚2加2等于几了。几分钟后，贾斯汀从前门跑进来，大声喊着"艾米丽，艾米丽！你的车里有只狗！你知不知道你的车里有只狗啊？迈勒斯，帕丽斯！艾米丽车里有只狗！"

　　这时，是我在跟命运做斗争了。我想到了个很好的理由不收养你，而且我赢了。但是第二天在我出城的时候，你爸爸疯狂地爱上了你，所以我的理由被推翻了。这是第一次也是最后一次我回到家因为看见你感到不开心。感谢你，库格，以这种方式来到我们家……感谢你最初那段日子对我表现出的耐心，感谢你带给我们家无限的爱，感谢你如此可爱却又保持谦逊。每个见到你的人都会爱上你，因为，事实上，你是这个世界上最棒的小狗。我非常爱你，库格！现在我一回家看到你，别提有多开心呢。一看到你，就意味着到家了。

　　永远爱你，吻你！

　　　　　　　　　　　　　　　　　　　　　　　　　　　　艾米

瑞秋·斯多利斯/布里兹

致我的领路犬布里兹：

　　2009年，当我们离开安全的格雷宁艾迪塔罗德检查站的时候，我对所要面临的风险已有所觉察。我们选择前一夜住在检查站，没有冒险进入育空地区，据说当时此地正经历20多年来最糟糕的天气。当时，温度非常低，只有-20°F，逆风风速达到每小时50英里，且持续不断。我不愿计算到底有多冷，因为我不想知道。长跑队伍已经跑到了鹰之岛，这大约7小时的路程，足足跑了14小时。我和同伴蒂姆·奥斯玛决定等暴风雪过去后，早晨再出发。当时我们想的是，随着时间推移，暴风雪就会减弱，到时再去鹰之岛就会容易些。蒂姆知道在半路上有座可以躲避的小屋，所以如果暴风雪没有像希望的那样减弱，我们也可以暂时躲一下。因此，即便冲入暴风雪当中是件冒险的事，但我们过去两年中一直在接受相关训练，而且在这种条件下比赛的人有赢有输，所以我想借这个机会提升自己。虽然2005年也曾有过类似的经历，在暴风雪中完成65英里的路程，但我知道这次一定能赢，因为我有你——最自信的领路犬，还有同行的团队。

　　可事实与预估的情况相反，下午暴风雪并没有减弱，所以我们一天都在暴风雪中穿行。晚上，蒂姆没能找到那座可以用来躲避的小屋，我们也无法继续前行，只能就地停下。我把你放在我的睡袋里给我温暖。我睡下了，希望明天能够到达鹰之岛，继续完成比赛。

　　那晚跟你依偎着的时候，我想起那一次，勇敢的你救了我的性命：一个电影拍摄组在达尔泽尔峡谷乘直升机跟随我们，当时我们正在进行一场艰难的比赛。直升机盘旋在我上方，制造出来的声音让我很不舒服，我难以想象你竟然能够集中精力，带领我们在不断的嗡嗡声中完成这一比赛。当我积极向前，迫使自己专注于团队和赛道时，你就出现了，把小耳朵直直竖起来，带着我穿越树林，躲避冰孔。接着直升机的引擎发出噼里啪啦的声音，我抬头看到直升机盘旋着飞向峡谷的石壁。盯着看了几秒钟后我突然意识到我们可能有危险。不知道直升机是会在我们头顶上掉下来，还是会撞到峡谷的石壁上，把大量残骸落在跑道上，我想的只是赶紧逃走。"好了，起来！"我大声喊道。也许是察觉到了我声音中的紧张，也许只是出于兴奋，我不知道，反正你就是跑得更快了。你的这一举动鼓舞了整个队伍，大家全部快速向前跑去，而直升机就在我们几秒钟前停留的地方坠毁了。

你已经不能像之前跑得那么快了，这一点让我伤心，但令让我高兴的是，你仍然是我们最好的领队犬之一。我总是会乐此不疲地告诉别人你是只多么不可思议的狗，告诉他们你诞下的漂亮小狗也在追随你的足迹成为赛犬。我像你一样对这些小狗充满期待，我会看着他们成长为出色的赛犬，对此我们毫无疑问，我将会铭记你给他们做出的榜样。感谢你——世界上最可爱又最活泼的小狗。我爱你！

瑞秋

亲爱的玛吉：

　　你知道我睡觉时不喜欢你在我脸上呼吸，也不喜欢一大早穿袜子的时候你踩在我脚上——特别是在被你的呼吸和悲哀的呻吟声弄醒后。但你是我见过的最可爱的小狗，也是最听话的小狗！

　　　　　　　　　　　　　　　爱你的汤姆

亲爱的奥斯卡：

　　我可爱的小甜心儿……

　　初次见你时我就爱上了你，你那么小，充满着小狗的气息。人们说你有"一副贝弗利山庄的长相和康普顿人的态度"。看你在公园里快乐地游泳和奔跑是我最大的享受。

　　我全心全意爱你！

艾米

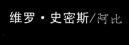

维罗·史密斯/阿比

亲爱的阿比：

　　我非常爱你！你既可爱又友好，我只是不太喜欢你到处撒尿！
　　我爱你！

　　　　　　　　　　　　　　　　　　　　妈妈

莎拉·斯坦兹/雷普利

最亲爱的雷普利：

　　我的小英雄……很难用语言表达在过去7年间你对我的意义。在我难以照料自己的时候，你走进了我的生活。当时我很痛苦，很迷茫，但我立刻爱上了你，你这个可爱的小家伙，尤其在屋里跑起来活像个鹿宝宝。你之前的生活条件很糟糕，我看到你的那一刻就决心拯救你。

　　但我自己也病得厉害，很多时候除了遛遛你，给你喂食之外，我根本下不了床。还记得我们相处的最初几周，如果不能和你待在床上，我就需要不停地走动。你和我共同经历了许多事，看着圣诞节的装饰换成情人节的装饰，又换成复活节的装饰，接着是7月4号国庆节……你不仅从来没有抱怨过，反而一听到脖子上熟悉的铃铛声就会变得非常兴奋。总是准备好下一次冒险！

　　最初那几年我去哪里都需要你在身边，若没有你我真的难以忍受。我带你偷偷摸摸地去了一些地方，我们甚至有次一起进了电影院。一想起

这事儿我就会笑，当然你早就忘了那股爆米花的味道。但当时你环顾了一圈，然后就依偎到我的汗衫下，所以没有人发现你。你总是如此满足地做我的伴侣，在我最艰难的时期拥抱着我，随时准备去我需要你去的地方。我实实在在地相信是你救了我，就像我相信是我救了你一样。

你生病的时候，我的抑郁症也会加重，我要尽我所能为我俩奋力挣扎以渡过难关。现在不再是你要为我做什么，而是我为了你要成为什么样的人。你帮助我成长，让我关注脑海之外的世界。你帮助我脱离自己的小世界重新去感受生活……当然是在你的陪伴下！

我们都长大了，也变得更有智慧，我们共同开启了一段非常美妙的生命旅程。每当听到铃铛声响，你还会像只小狗一样跳起来，但你也喜欢舒服地蜷缩进我腿上柔软的毯子里。顺便说一下，你不会去骚扰小猫，这点很棒！

无论从哪里回到家，都会有你的问候，让我觉得每天都是充满喜悦的。你淘气的样子引我发笑，每当你把可爱的小脑袋搭到我胸前想要被抚摸时，我心里都会迸出爱的火花。我们仍然在为你的健康挣扎，但不论多艰难，我都会坚持到底为你支付所有的药费，就像你历尽千辛万苦拯救了我一样。你是我今生得到的最好的礼物，我迫不及待地想要和你再次上路。

我把爱献给你，可爱的男孩！

迷你杜宾犬达人

亲爱的茜姆比：

我今天给你写信有这样几个原因：我想告诉你，你是如何成为我的小狗的，也想让你知道你每天传递给我的信息有多么重要，以及我对此有多么感激。

我一直知道自己若是退休不再比赛，赋闲在家了，我一定要养一只小狗。当我开始寻觅理想的小狗时，我想我需要一只长得比较吓人的狗，但不是很低劣的那种。为此我学了一些挑选小狗的技巧，比如在一窝小狗中哪只是占统治地位的，哪只比较温顺。最终，我决定养一只斗牛犬。做出这个决定之后我立即去西海岸拜访了一位饲养员，在那里见到了你的父母奇斯和珀尔。他们都具备了我理想爱犬的特殊品质：温驯、可爱、友好。所以，我决定等他们下一窝小崽。5年之后，他们下了9只小狗，我打算用已经掌握的方法去选一只温顺的。但是就像小狗主人们所熟知的，其实是小狗选择主人，而事实也的确如此。有只漂亮的棕红色，像涂了睫毛膏似的小狗向我走来，她用甜美的呻吟声向我问好，好像在说"你好。"接着舔舔我，把头搭在我两脚踝之间。故事就是这样的！我爱上了她。

如今，你仍然像我们第一天见面时那样跟我打招呼，我喜欢这种感觉，茜姆比，你是我梦中的小狗。你温顺、友好又可爱，而且最重要的是，你很听话。这太棒了。你长得有点吓人，所以陌生人不敢接近你。但你是只冷静而温驯的小狗。你保护并容忍着我的孩子们古怪滑稽的行为。你无条件地爱着我们。你也给了我一个理由去爱你：你是上帝创造出的最可靠的生物，是人类最好的朋友，是我的小狗。你鼓励我成为"我的小狗认为我应该是的那种人。"谢谢你，茜姆比。

你是很棒的小狗！我爱你，宝贝。

皮卡博

亲爱的杰克：

感谢你成为我家的头号宠物。1999年5月，我们花了几周的时间阅读相关文章，并在纽约城里寻觅。你爸爸对我说："如果他们有一只长毛的杰克罗素梗犬，我们就行动。"但我们其实准备的并不充分，只是那天很幸运。一看到笼子里的你，我们就决定把你带回家了。

你是我的第一个孩子，你带给我们许多欢乐。一年之后，你跟着我们搬家，穿越了大半个国家，爸爸出差在外的很多个孤独的夜里，有你陪伴我，保护我。有时你的自我保护意识太强了，但这样很好。为了帮你交个朋友，爸爸又给我们这个不断壮大的家庭带来了另一只小梗犬（正好是我们需要的）。但你的自我保护意识仍然很强，扮演起了老大哥的角色。露西成了你的朋友和伴侣，我们很高兴你们能在一起。

你为了追足球跳进旧金山湾中央好几次，可把我们吓坏了——看你充满决心地跑到那么远的地方，爸爸不得不亲自把你带回来。我们知道每天得给你注射两次胰岛素。有只得糖尿病的小狗是件很有挑战性的事情，但从中我们也懂得了因为爱而去为别人做些事情。

大约13年后，你仍然每晚睡在我脚边，每天保护我。没有你跟露西的话，我的生活将难以想象，感谢你所做出的一切。我们家要是少了你带来的欢乐（和你放的臭屁），那将是不完整的。

拥吻你！

妈妈

丽莎·舒格/露西

亲爱的萨莉和萨迪：

　　感谢你们成为我每天早上的私人闹钟；感谢你们成为我的私人教练，确保我能每天外出散步；感谢你们成为我的私人保镖，稍有动静就会大叫。

　　我必须承认的是，当初抵不过儿子的请求，答应他可以养只小狗时，我的要求是宠物不得进屋。不过，这大约只维持了一个月吧……最多。但现在我却变成了那个确保你们能枕着枕头舒服地待在沙发上的人，那个为保护你们不受攻击赤手空拳打浣熊而被撕裂肩膀的人。每当我母亲来访时，就算她帮不上什么忙，也会挪到床上给你们多留一些空间。很明显，你们现在是老大了。

　　无论我们坐游船还是开车去海滩，你们总是坐到前座上。我很享受看着你们从跳水板跳下，顺着梯子爬上游泳池的样子。你们把晚餐的残渣都会清理干净，确保我们不需要吃剩饭。

　　我从来没想过会和小狗一起睡觉，更没想到是两只，但你们总能在夜里给我温暖。我从来没有想过自己竟会如此期待每天晚上回家见到你们的笑脸。你们对我的爱从未缺席过。

　　我从没想到我会以这种方式爱上小狗。

　　我爱你俩！

　　　　　　　　　　　　　　　　　　帕特

帕特·萨米特/萨莉和萨迪

亲爱的斯卡菲:

　　我想和你散散步。如果你懂英语(或者我会学你的叫声),我会问你很多问题,还会告诉你很多事情。既然这样难以实现,那我还是用这封信来表达吧,关于你是不是过得很"邋遢",我会用几个不好笑的玩笑来说明这个问题。

　　2010年6月,我们把你从动物保护协会抱回来,那时你10岁大,需要很多关爱。没来动物保护协会之前你在救助站过得不太好,这一定令你很伤心。我想好好照顾你,并让你知道你是个好男孩。我认为你值得拥有一个好的"养老院"——我喜欢称之为"养老院"。很高兴在过去一年半的时间里看着你成长,如今你11岁了,看上去却好像比我们刚见面时年轻。你以前都不喜欢我们给你挠肚子(是因为你不会朝正确的方向翻身吗?),但是现在你特别喜欢,虽然只会倒向一侧。你仍然不会自己玩耍,但你喜欢散步,即便有时我们走得非常非常慢,甚至被老年人超过,但我还是喜欢带你跟着他们。你是只很挑食的小狗,但每当你知道我从食品店买回一只烧鸡,或者给你做了你最喜欢吃的东西时,你摇尾巴的样子总使我发笑。你不明白"坐下"、"别动"这些命令口号,但我不在乎。你有时就像只蜜獾一样——知道自己想要什么——这更加讨人喜爱,让人忍不住想拥抱你。我的丈夫——你的爸爸——开始不想养狗,但现在你成了他的"泰迪熊",甚至你爱他比爱我还多一点(我得承认……虽然这个事实有点伤人!)。有人赞赏狗是因为他们忠诚、活泼,从而成为人类最好的朋友。这些小狗为了得到人类的喜欢而努力表现,为了人类而改变,不过没关系,我会在你身边,帮你找回对人类的信心,告诉你被爱的感觉。如果你永远学不会如何亲吻我们,也没关系,你知道我们爱你!

爱你的克里斯汀

亲爱的路易和玛尼：

　　我非常爱你们。感谢你们治愈我的心灵，感谢你们让我为你们清理便便！

　　　　　　　　　永远爱你们的那个女人

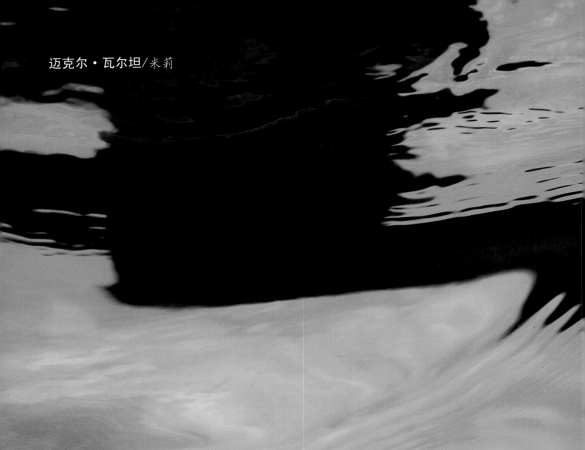

迈克尔·瓦尔坦/米莉

亲爱的米莉（达姆瑟尔、慕斯·麦克吉利古提、天鹅绒耳朵小姐）：

这看上去有点奇怪，因为你不会认字，所以等我喝点啤酒，吃点点心，慢慢解释给你听。我写这封信的本意是想谢谢你毫无保留的爱和绝不动摇的忠诚。许多狗狗爱好者都同意，这些是你拥有的最美好的品质。

但是我并未这么写，思来想去之后，我决定写封信感谢你接受我的爱！允许我无条件地、彻底地、全心全意地爱你，毫无羞耻和恐惧，可以像孩子一般狂热，就好像说"我很开心曲棍球队的那帮家伙不会来找我麻烦"那样。我是说我们抱在一起时，我向你发出的声音或者说过的事情都会使另外一个女人——一个不太自信或不太善解人意的女人退缩，但这个女人不是你。当你把头搭在我腿上，脸上挂着难以置信的笑容，用深棕色的眼睛盯着我看，并同时呼出心满意足的气息时，这一个个精彩的小

瞬间，让我觉得全世界都是美好的，事实的确如此。

你是我所知道的最温柔、最顺从的生物：你身上那些可爱的特质舒缓了我的灵魂。有你在，我可以脆弱，可以没有安全感，可以不健全，可以完全没用，但你仍然爱我，绝不批评我，或者评价我（这真的很酷，因为大多时候我就是这样的）。

最后，感谢你做我最好的朋友、最忠实的伴侣，更重要的是，做我的小狗！哦，感谢你长了一对全宇宙中最柔软的耳朵，真的，全宇宙中最柔软的噢！

给你全部的爱！

你最狂热的仰慕者和忠诚的伴侣，爸爸

附言："几个"在我们家意为"一打拉布拉多犬"

拉莫・威利斯／哈洛、朱兹和萨迪

我的3个丫头，若没有你们，我的世界将大不一样。我不记得我们是如何相遇的，但我每天都感谢上天把你们带入我的生活。希望我们能一同长大、变老，我能与你们分享所有我能带给你们的东西，希望能给予你们一切你们想要或需要的东西，以使你们的生活比想象中更加丰富。我爱你们，宝贝丫头们。

爱你们的妈妈

朱兹：

我的"白色小蝙蝠"。我对你一见钟情，你让我忍不住想照顾你、保护你。你以前既胆小又腼腆，而现在却如花儿般绽放成了一只性格外向的"小猴子"。你拥有一切可以同时成为疯狂至极的小野兽和让我无法抗拒的小可爱的能力。你是疯狂的"橡皮膏"，有些人可能会极力回避这一点，我却因此更加爱你。你是我最好的依偎，当你蜷缩在我胸前沉沉睡去，同时把头搭在我的脸颊上时，我发誓我常常会奇怪我是如何发现如光芒一样闪亮的你。我非常爱你，小豆子。

哈洛：

　　我的"小妈妈"。你是第一只来到我身边，彻底把我搞疯的小狗。你这个小东西，已经成为我生命中重要的一部分。你和我环游过世界。无论我们到哪儿你都像骑警一样在前面开路，小可爱。当你被郊狼攻击，我以为我就要死了，彻底完了，但你那么刚强，充满战斗力。能再次看到你的笑脸，是我最开心的事。

萨迪：

　　会调情的"小土匪"。你的美很高贵，有皇室的味道。你的童心未泯和无法控制的冒险欲，每天都提醒我要抓住出现的每个机会。你的忠诚和对我们的保护意识让我的心暖暖的。你对我的信任让我对你的爱（甚至当你发疯时）在任何时候都强烈到让人难以想象。我愿意和你一起经历每一次冒险。我勇敢的大个子丫头，你就像阳光一般温暖着我。

我帅气的奇迹男孩：

每当我直视你的眼睛，我能看到关于你的一切，直达内心深处。

我就是很单纯地喜欢你。我喜欢你看上去对于爱永不满足的索求。你总是挥动爪子，乞求更多——更多的拥抱，更多的挠痒痒，给你那美丽的小嘴更多的亲吻。

从第一天带你回家，你就树立起了你的威严。你是只高贵的小狗，有着深邃的灵魂。你应该是斯特德曼的小狗，但是你的心属于我，我的心也属于你。当其他的小狗都四散着用鼻子嗅着气味去冒险时，你却返回来看我是不是一切都好，是不是跟上你了。你是那只会在门廊等我归来的小狗，这对小狗来说真是太难想象了。

你永远活在当下。我永远爱你，小路克。你是我最爱的、最帅气的奇迹男孩。

奥普拉

亲爱的萨迪（萨迪梅——斯特德曼这么称呼你，萨迪女孩、漂亮女孩、费拉·福赛特）：

在一个寒冷多风的星期天早晨，雪花一层层地将人行道包裹起来，我和斯特德曼全副武装，决定回PAWS（芝加哥一所不会杀害小动物的收养所）去看看。前一天我就在那里看中了你，然后便无法停止对你的想念。这绝对是一见钟情。

我们在一起的第一晚就签订了终身契约。与以往不同，我默许了你的叫声，把你抱出摇篮放到床上和我一起睡。那时你才8周大，为了不伤害你的小身体，我一晚上都睡不踏实，后来我醒了，发现你就睡在我的头上方。你把我当成了妈妈，把你湿湿的鼻子蹭到我耳朵里。

从那时起，我们共同度过了很多个夜晚，一起依偎，一起分享内心的秘密。

我为你抛过很多次球，看你在空中接住，然后高兴地摇动整个身体展示你的成就。

无论我在哪儿，都有你。在厨房、浴缸，甚至我打电话的时候，你总会跟着我。

你每天都要跟我去不同的城市出差，住不同的酒店，参加各种活动，访问我的办公室。你见过很多世面，但仍然保持着你的甜蜜，用摇摆的身体彰显你的自信和自尊。

斯特德曼总是对你说"你很特别"，我确信你已经知道这一点了。

我爱你，姑娘！

奥普拉

亲爱的西西：

以下的事情我全知道：

我知道你偷吃了我的花生，因为你的气息闻起来就像我留在桌上的弗吉尼亚烤豆。

我知道你糟蹋了鸟食，并挑出了所有的葵花籽，因为我在你的牙齿中看到了碎壳。

我知道你上了桌子，还站在我的笔记本上，因为我看到了你按出的乱码。

我知道你一天都在脸朝下舔着从宠物小酒馆买回来的食物。

我知道一有客人来，你就会在我耳边尖叫，因为你相信早期预警系统是最好的。

我知道自己已经被你挤到床边了，因为你觉得平躺着睡是最好的。

我原谅你所有不听话的行为，西西，因为你是只特别的小狗：你是个思想者。你时常会停下来分析形势，你会在一瞬间找到正确的处理方式。你也能辨别时间，还会计算。你超级聪明，爱思考，有好奇心，当然，也很友善。

你开阔了我的眼界，让我不仅看到你的世界，更看到了整个动物王国。从小爬虫到地球上最大的物种，因为你让我明白，动物比人类想象的要聪明，而且很复杂。当我再看到蜘蛛、蛇、蜥蜴和老鼠时，我不会再大叫着跑开，而是停下来观察他们如何生存。这方面的知识不仅丰富了我，也让我变成一个更加懂得体谅，更富有同情心的人，还让我迸发出关心所有生物的爱心。

你出现在这个地球上的意义已经不仅限于你和我，还包括我们大家，所有的人和动物。

感谢你，西西！

露西

来见见狗狗的家人们吧……

克里斯汀·肯诺思斯/马蒂

罗瑞·巴里斯和耐克：罗瑞·巴里斯挚爱的小狗耐克（16岁）于2011年11月23日去世，这令人痛心。耐克在位于洛杉矶的德国牧羊犬救助站被收养，她一生中勇敢地与伤病和创伤进行抗争。耐克是罗瑞的知己和最忠实的伴侣，她在曼哈顿的海滩上与当地人广交朋友。罗瑞是比弗利山庄的高端地产经纪人，富有激情的演讲者和游泳健将，之前还做过模特。罗宾拍完照后的两个星期，耐克躺在主人的怀抱里，在他们最喜欢的海滩上安详地走了。

玛塔·贝克和比约恩：玛塔·贝克是个生活教练，畅销书作者以及《奥普拉杂志》的专栏作家。她和她的家人是比约恩（9岁）忠实的主人，比约恩是只骄傲的、私下里却有些懦弱的大型金毛犬，他是一家之主。

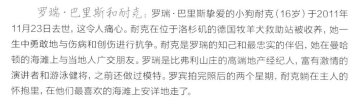

托尼·班尼特和乐乐：乐乐·班尼特是只4岁大的马耳他犬，是音乐传奇人物托尼·班尼特和妻子苏珊·班尼特的挚爱。乐乐经常陪着托尼出席曼哈顿的各种场合。托尼已经获得不少于17项格莱美奖，同时他也是位画家。苏珊在艺术高中当老师和管理员。他们共同创建了非营利组织——"探索艺术"，用来支持和资助公共学校的艺术教育。

惠特尼·比格斯和佐伊：惠特尼·比格斯患乳腺癌时，她的妹妹向她和家人建议采用宠物疗法。然后，佐伊被包裹在一块大红布里，再由圣诞老人从北极送到她们身边！惠特尼说佐伊是最好的药，既对膝盖脱皮有效，也对癌症有效。目前她和丈夫及两个孩子住在田纳西州。

妮可·布朗和多萝西：妮可·布朗从美国约克夏救助站收养了多萝西（5岁），她曾被前主人的孩子们严重伤害。妮可希望通过水疗医治多萝西在生理上和情感上受到的伤害。但是多萝西的身体状况很糟糕，以至于对她采取安乐死似乎是唯一的选择。幸运的是，她很快适应了在轮子上的生活，并在此过程中赢得了妮可的心。自那以来，多萝西成了一只治愈系小狗，为所有见过她的人带去了欢乐。妮可拥有一家总部位于佛罗里达州迈阿密市的宠物护理公司Pet Concierge，除了多萝西之外，她还跟另外一只获救的混血小猎犬古斯以及小猫艾丽住在一起。

亚当·布朗宁和斯坦利：亚当·布朗宁和妻子为他们的拉布拉多犬起名叫斯坦利，因为他们就是在爱达荷州一个叫斯坦利的小镇结婚的。7岁的斯坦利经常陪伴亚当去送他的双胞胎马克斯和莉莉去上学前班。一路上斯坦利交了很多朋友。亚当很肯定每个人都知道斯坦利是谁，却不知道他是谁。

蔻比·凯蕾和马蒂、圆圆：马蒂（1岁）是在橘子郡被创作歌手蔻比·凯蕾发现的，他是只小型迷你杜宾犬，由西施犬、蝴蝶犬和澳大利亚牧羊犬杂交而成。蔻比还在南加州的金毛犬救助站收养了圆圆（5-7岁），一只受到虐待的小狗，在中国台湾街头获救。蔻比曾两次获得格莱美奖，她的3张专辑在世界范围内共卖出700多万张。她曾在白宫和诺贝尔和平奖颁奖音乐会上演唱，并积极参与冲浪者基金会、农场动物庇护所、拯救音乐组织和美国人道主义协会的活动，同时也是小狗养殖场行动周的发言人。

金姆·卡尼和皮克索：3岁的皮克索是平面设计师和插画家金姆·卡尼从李尔·韦弗救助站收养的。皮克索这只混血吉娃娃让她无法抗拒。金姆和丈夫在家里养了不止三只动物，显然违反了城市管理规定。金姆的丈夫担心自己后半生会变成囤积居奇、倒卖小狗的狗贩。

圣达菲儿童中心和阿奇：圣达菲儿童中心旨在帮助受虐待和被忽视的青少年群体，协助他们克服一些生活中最困难的情况。有研究表明，纽芬兰犬在帮助陷入麻烦和受到虐待的年轻人恢复方面很有效，于是闪耀的阿奇博尔德——"阿奇"（7岁）就被捐献给了圣达菲儿童中心。当饱受惊吓的孩子们刚来到圣达菲时，阿奇会安慰他们，把毛茸茸的身体借给孩子们哭泣和拥抱。阿奇喜欢跟孩子踢足球，他是个耐心的倾听者，也是所有人的朋友。圣达菲网站：www.casapacifica.org。

克里斯汀·肯诺恩斯和玛德琳：克里斯汀·肯诺恩斯为她的马耳他犬起名"玛德琳"，以纪念她最爱的女演员玛德琳·卡恩。8岁的玛德琳曾随克里斯汀去过百老汇，上过电视和电影，并且见过她所有的男朋友。克里斯汀说："她是我长毛的孩子。但她并不真的喜欢我唱歌的嗓音。每次我排练的时候她都会离开房间，虽然我试着告诉她，观众们需要付钱才能'听你妈妈演唱'，但她并不在乎。"作为歌手和演员的克里斯汀曾获得过艾美奖和托尼奖。

凯特·科拉和哈露：自从2005年成为美国"铁人料理"节目的首位也是唯一一位女性"铁厨"之后，凯特·科拉的名字已经响彻美食界。现在的凯特身兼厨师、作家和4个孩子的妈妈。她和家人收养了3岁的吉娃娃哈露，这一经历在她看来，狗狗主人和狗狗都受益匪浅。

梅根·德威德特和莫吉：来自旧金山的家庭主妇梅根·德威德特需要为家人找到一只特别的小狗——一只能让孩子们完全信任，不在室内大小便，也不会介意猫的小狗。莫吉（9岁）是两年前从金门实验室救援联盟被收养的，当时她的主人要搬家，无法把她带在身边。莫吉在得到梅根温柔的呵护后，完全适应了梅根一家。

法兰·德瑞雪和艾瑟：身为演员、制片人和社会活动家的法兰·德瑞雪因为出演情景喜剧《天才保姆》而闻名于世，她的第一只波美拉尼亚小狗切斯特也出演了该剧。当18岁的切斯特去世时，法兰曾伤心欲绝，但接着艾瑟进入了她的生活，并教会她"爱过之后还会有爱"。11岁的艾瑟是法兰的电视剧《离婚快乐》中最新的剧组成员。作为子宫癌的幸存者，法兰是"舒曼瑟癌症运动"中心（Cancer Schmancer Movement）的创始人，并担任主席。该组织致力于癌症的早期发现和预防。

法兰·德瑞雪/艾瑟

克里斯汀·格兰特/斯托

伊森·达克（右）、欧文·达克和萨米：金毛犬萨米5个月时被达克一家收养。萨米的第一个主人当时正在军队服役，因为调任到另外一个基地，无法继续照顾萨米。现在萨米已经18个月大了，他与9岁的伊森·达克和4岁的欧文·达克成为好兄弟。欧文出生时，护士问伊森想给弟弟取个什么名字，伊森答道："大力士·碎骨魔·达克。"虽然这个名字不太适合他的小弟弟，但却十分适合他们挚爱的、温柔的金毛犬，因为萨米能在几分钟内把骨头咬碎。兄弟俩喜欢摔跤，萨米也是。

希拉里·杜夫和杜布瓦：身为歌手、演员和企业家的希拉里·杜夫和曾效力于全美职业冰球联盟匹兹堡企鹅队的丈夫迈克·科姆瑞共养有4只狗——小猎犬杰克、吉娃娃可可和萝拉，以及5岁的杜布瓦。杜布瓦是伯尔尼兹山地犬和澳大利亚牧羊犬的混合品种，是被希拉里夫妇从洛杉矶南湾的树丛下发现的，当时她营养不良，无人理会。爱和关怀让杜布瓦变成了杜夫-科姆瑞家的保护者和主人。

切特·福瑞思和甘纳：切特·福瑞思是一位参加过伊拉克战争的退伍军人，他收养甘纳（2岁）以帮助他治疗创伤后应激障碍。甘纳是一只金毛犬，在佛罗里达爱国者小狗服务组织受过训练。该非营利组织通过饲养和训练小狗来帮助身患残疾的人——特别是退伍军人。切特于2011年的退伍军人节得到甘纳，自那时起，他为切特的生活带来了难以置信的积极影响。

克里斯汀·格兰特和斯托米：克里斯汀·格兰特的小狗出生时，亚利桑那州的斯科茨代尔正经历着一场罕见的暴风雪，于是小狗被命名为"洛伦拉的风暴之心"，也叫"斯托米"。克里斯汀第一次见到那一窝小狗时，斯托米是第一个扑到她脚下的，自那之后，她就成了最好的伴侣。这只5岁的拉布拉多犬也很擅长狩猎。

切尔西·汉德勒和昌克：切尔西·汉德勒在2009年从一家救助站收养了昌克（9岁），这是只松狮犬和德国牧羊犬的混合品种。昌克曾是一只问题狗狗，但当救助站的工作人员把他带到切尔西跟前时，他却立马用了一种深情的、渴望讨好的态度。当时昌克还在"红名单"上，志愿者在媒体社交网络发动了一场拯救他的活动，并在最后一刻救了他。喜剧演员切尔西是深夜脱口秀《切尔西晚间秀》的主持人，也是畅销书作家。

杰基·哈斯尼和奥利弗：当4岁的奥利弗无意中闯入杰基·哈斯尼的生活时，她正为去世不久的拉布拉多犬简斯珀伤心不已。奥利弗被收养后，帮助杰基和她的另一只小狗马克斯从伤痛中恢复，并给他们带去很多欢乐。现在马克斯也去世了，但可爱的小笨狗奥利弗则继续鼓舞着身边的人。杰基住在佛罗里达的椰子林，业余时间为Everglades Outpost野生动物保护区做志愿者。

马瑞尔·海明威和特里、宾度： 宾度是只11岁大的约克夏犬，是演员马瑞尔·海明威为女儿德莉收养的。宾度跟随马瑞尔环游世界，足迹遍布整个美国。特里是只3岁大的边境牧羊犬，18个月前被收养，他基本都待在篮子里，很少出来，因为之前总是受到人们的惊吓。特里已经变成一只聪明、擅交际又能融化人心的小动物。马瑞尔曾获得奥斯卡和金球奖提名，同时也是作家和健康代言人，她还创办了帮助有精神疾病和自杀倾向人士的网站名为"你很重要，不要放弃"（You Matter, Don't Quit）。马瑞尔与其伴侣波比·威廉姆斯拥有一家宣传健康的网站，网址为www.thewillingway.com。

芭芭拉·霍治维茨和布达： 因为妹妹收养了一只八哥犬，芭芭拉·霍洛维茨忍不住收养了这只八哥犬的兄弟，并为他取名"布达"，今年13岁。芭芭拉被《人物》杂志誉为"好莱坞的私人造型师"，自2004年以来，她为不同身材、年龄和收入的男士女士设计过造型。芭芭拉还是时尚作家、电视直播主持人，著有畅销书《衣橱管理》。

琳达·伊斯瑞尔和图拉鲁： 琳达·伊斯瑞尔很开心地和这只伯恩山犬共同生活了23年多。琳达说图拉鲁只有"10岁"。出于对动物的热爱，琳达用画笔描绘了地球之美与动物王国深层次的联系，并与他人分享色彩带来的乐趣。

克里斯汀·肯尼和库珀： 克里斯汀·肯尼和丈夫为了寻找一只完美的小狗，可花了不少工夫，最后他们发现了一只体型介于比格犬和八哥犬之间的小狗。他们对4岁的库珀一见钟情，就因为看中了他那扁平的脸和昆虫般的眼睛。克里斯汀是位全职太太，有个1岁的女儿，目前居住在芝加哥。

艾米丽·克雷珀和帕尔默： 艾米丽小时候，她妈妈认为需要为孩子们找一只顾家且嗅觉灵敏的大型犬，于是就收养了英国可卡犬莫莉。17年来，莫莉很忠实，她的后代也成为艾米丽家不可替代的一员。艾米丽结婚时，自然而然的也需要一只莫莉产下的小可卡犬，她的丈夫表示，只要能以毕业于维克森林大学的高尔夫球传奇阿诺德·帕尔默命名这只小狗就同意收养，于是1岁的帕尔默就进入了艾米丽的家。

珍妮弗·拉法奇·佩里和贝莉梅： 珍妮弗·拉法奇·佩里将贝莉梅赠送给女儿作为18岁的生日礼物。波士顿小猎犬有时被称作"美国绅士"。珍妮弗在洛杉矶管理一家非营利机构"儿童行动网"，该机构旨在让人们给予孤儿群体更多关注。

辛西娅·麦克法登/闪闪

安娜·米亚基/克罗斯比

卡萝尔·雷弗和阿尔伯特：卡萝尔·雷弗本来是帮助朋友到当地的救助站收养一只小狗的，结果自己忍不住把4岁大的混合小猎犬阿尔伯特带回了家，加入到此前收养的6只小狗的行列。卡萝尔是位获得过艾美奖提名的作家和喜剧演员，在其30年的演艺生涯中，曾创作过"宋飞正传"和"周末夜现场"等节目。她主演的4部个人喜剧曾在HBO、Showtime频道及美国有线频道喜剧中心上演，她还著有《如果你隐瞒自己的年龄，恐怖分子就赢了》（When You Lie about Your Age, the Terrorists Win）这本书。卡萝尔希望"有一天，在我们生活的世界中，小狗和小猫不会再被施以安乐死。收养他们吧，不要停下！"

汉娜·刘易斯和达芙妮：7岁的达芙妮是在位于加利福尼亚州雷东多海滩的救助流浪者基金会被汉娜·刘易斯收养的。达芙妮是只獒犬、拳师犬和腊肠犬的混合品种。汉娜是位牙医，目前居住在拉古那海滩，在帕罗斯福迪斯长大，所以她认为自己和达芙妮都是"加州女孩"。

阿尔曼多·马丁内兹和罗斯科：阿尔曼多·马丁内兹是芝加哥国际宪章学校举办的巴克镇给狗狗写信比赛的获胜者。6岁的阿尔曼多只比他忠实的伙伴——牛头獒罗斯科大两岁。阿尔曼多是家里的独生子，罗斯科给他带来了许多欢乐，并与他建立了友谊。阿尔曼多长大后想成为一名钟表匠。

辛西娅·麦克法登和闪闪：7岁的闪闪在这7年里一直是辛西娅·麦克法登家的快乐源泉。她的儿子斯宾塞从能讲话时就央求要要只小狗（"小狗"是他会说的第二个词）。身为美国广播公司记者的辛西娅17年来跑遍世界，报道新闻。她出色的报道已经为她赢得了许多广播学界，包括艾美奖、皮博迪奖、杜邦奖及外国记者奖。过去6年间，她一直是晚间热线节目的主持人之一。麦克法登的调查性报道多集中于侵犯人权的事件，尤其关注妇女和儿童。

玛丽娅·曼努诺斯与雅典娜和阿波罗：当身为记者和演员的玛丽娅·曼努诺斯为《今日秀》写一篇关于小狗养殖场虐待问题的文章而亲临现场时，一只脊柱缝了60针的狮子狗把头温柔地搭在了她的腿上。这只小狗曾受到养殖场主的殴打。玛丽娅与男友收养了她，并为她取名"雅典娜"，与他们另一只叫作"阿波罗"的小狗非常匹配。

安娜·米亚基和克罗斯比：在为这本书而举办的"写给爱犬的一封信"的比赛中，来自俄亥俄州格兰维尔学校的学生有近百人。安娜·米亚基给克罗斯比·罗斯的信被评为冠军。克罗斯比是父母放在野餐篮子里送给安娜的一份礼物。这只2岁大的金毛犬深受安娜和她的姐妹克莱尔及艾玛的喜爱。安娜现在读4年级，爱好花样滑冰、读书和游泳，喜欢去匹兹堡看望祖父母，当然也喜欢跟克罗斯比玩耍。

莎拉·莫特拉罗和萨米：莎拉·莫特拉罗写给萨米（4岁）的信是俄亥俄州格兰维尔学校举办的"给爱犬的一封信"比赛的获奖作品之一。莎拉和她的两个姐妹曾恳求父母收养一只小狗。他们到处寻找，希望找到一只不太爱脱毛的小狗，最终发现了萨米，一只西部高地白梗。莎拉希望今后能成为一名医生或者兽医，并能拥有自己的农场。她十分想养一只茶杯猪来陪伴萨米。

*文迪·梦露和艾拉：*文迪·梦露和安德鲁·斯托特在华盛顿州的大古力峡谷的一窝小狗中挑选出了这只全名叫作"艾拉·艾莉·拉莉·爱·女孩"的小狗。她虽然小，叫起来却像歌手艾拉·菲茨杰拉德，于是就为她取名叫"艾拉"。文迪和安德鲁于16年前开始经营"完整的圈子"农场，目前拥有400英亩土地并种植获得认证的有机农产品。他们的"农场到饭桌"计划在华盛顿州、爱达荷州、阿拉斯加州和加利福尼亚州拥有9000多名成员。12岁的艾拉和他们的两个儿子伴随着他们走过每一步。

*凯西·那杰米和佩蒂·普林塞斯：*演员及社会活动家凯西·那杰米收养了9岁的普林塞斯·斯泰纳姆和4岁的佩蒂·斯塔巴克斯。普林塞斯是一只混血威尔士矮脚狗，救助站的工作人员称他有"性格问题"，但凯西和她身为演员及歌手的丈夫丹·芬纳蒂并没有被吓倒。"我们都有性格问题"，凯西说。佩蒂是一只混血吉娃娃，在救助站时活跃得有点疯狂，但好在到了凯西和莫家就冷静下来了。凯西曾出演过25部电影，如《修女也疯狂》，和一些电视剧，如《维罗妮卡的衣橱》《山丘之王》《数字追凶》及《凯西和莫》。她还曾在百老汇演出，并被评为"年度最佳杂志女性"和"年度最佳爱护动物人道主义者"。

*罗丝·奥多娜和密苗：*喜剧女演员罗丝·奥多娜从她4岁的长毛吉娃娃身上得到了爱并获得治愈。罗丝的电影、电视事业跨越了25个年头。她还出版过两部自传和一本儿童手工艺书。

*塔特姆·奥尼尔和皮克尔先生：*3岁的皮克尔先生是一只迷人的马耳他犬，是塔特姆·奥尼尔的男子汉。塔特姆是位演员兼作家，其职业生涯长达20年，跨越很多媒体领域。她作为奥斯卡有史以来最年轻的获奖人而被人称道，但她却认为自己身为三个优秀孩子的母亲才是她最重要的角色。

*肯·帕夫斯和阿夫顿、塔扬、奥诺里、吉达：*著名发型设计师肯·帕夫斯非常迷恋萨路基猎犬，他拥有4只萨路基猎犬，从左向右依次为：9岁的阿夫顿·布雷克、7岁的塔扬、5岁的奥诺里和4岁的吉达。每只小狗都是在一个偶然的时刻进入了肯的生活。阿夫顿和塔扬是他最先收养的两个男孩，奥诺里和吉达是"爸爸宠爱的小丫头"。他们很好地展现了萨路基猎犬风度翩翩的个性。这个犬种也被称为埃及的皇室犬。肯曾无数次出现在各类电视节目中，包括"奥普拉脱口秀""减肥达人"和"英国偶像"，这使得他的护发产品闻名世界。

*泰勒·佩里和阿尔多、皮特、保罗、玛丽：*泰勒·佩里从新奥尔良街头走上好莱坞大道，成为一线演员、导演、制片人、作曲家和剧作家，这段鼓舞人心的经历成了一段美国式的传奇。泰勒在一个极度贫困又充满暴力的家庭中长大，这种经历给予他力量、信念及毅力，为他广受赞誉的戏剧、电影、书籍及表演秀打下了基础。他虽然非常忙，却总有时间留给小狗。他曾说他的第一只小狗，6岁的德国牧羊犬阿尔多已成为他"最好的兄弟"。泰勒有次去当地的动物保护协会希望为阿尔多收养一只玩伴，结果带回三只同为3岁的混血哈士奇：皮特、保罗和玛丽。

*露露·帕尔斯和酸黄瓜先生、泰迪·肯尼迪：*露露·帕尔斯从一间小狗救助站收养了3岁的泰迪·肯尼迪，当时正好周日，她在去往拉蒙特农贸市场的路上发现了这只小狗。露露是位畅销书作家和娱乐设计师，以其烹饪创作和无可挑剔的造型而闻名于世。目前她跟摄影师丈夫史蒂芬·达尼利安和6岁的酸黄瓜先生、泰迪·肯尼迪住在洛杉矶。

丽莎·舒格/杰克和露西

罗宾·罗伯茨/kg

凯莉·普莱斯顿和小熊：演员凯莉·普莱斯顿和家人收养了3岁的小熊。他们是在路边发现小熊的，当时他瘦弱不堪。现在的小熊健康快乐，还吃有机食品。凯莉的代表作有电影《甜心先生》《往日柔情》和《最后的歌》。她是儿童权利、戒毒恢复、教育及环境问题的坚定支持者。凯莉嫁给了国际巨星约翰·特拉沃尔塔，有三个令她骄傲的漂亮孩子：杰特、艾拉布勒和本杰明。

吉尔·哈珀特和牛仔、C.J.、甜豆、皮蒂：吉尔·哈珀特有7匹马，并收养了4只狗，分别是：黄色的拉布拉多犬牛仔（约10岁）、美国斗牛犬皮蒂（约6岁）、哈威那犬C.J.（约7岁）、混血猎浣熊犬甜豆（约11岁）。吉尔为NBC的"今日秀"节目工作了21年，起初是位娱乐记者，后来当她的爱犬杰克患了骨癌后，她意识到动物福利问题才是她应该报道的东西。如今，作为"今日秀"动物权利提倡者，吉尔获得了无数的奖励，包括两次令人梦寐以求的创世纪奖、美国动物保护协会第一动物之音奖、MSPCA-Angell's的动物名人堂奖、2012年全球宠物世博会杰出新闻及对宠物产业特殊贡献奖。她还被任命为美国防止虐待动物协会（ASPCA）的亲善福利大使，并有幸敲响纽约证券交易所专为提倡动物福利而设立的开市钟。哈珀特同时还著有4本畅销书，其中3本是关于动物的。她还发明了一种皮带和颈圈线来促进动物收养，叫作"吉尔·哈珀特营救"系列，同时她还以挚爱的小母马汉娜命名了一款马型珠宝圈，叫作"汉娜之心"，以此来资助美国防止虐待动物协会。

罗宾·罗伯茨和KJ：罗宾·罗伯茨是"早安美国"节目的主持人，著有《发自内心：生活的七条规则》这本书。当时她把KJ（杀手杰克）作为生日礼物送给了好朋友。朋友搬到欧洲之后，罗宾收养了一只杰克罗素梗，现在14岁大。作为大学篮球明星，罗宾于2012年入选女子篮球名人堂。罗宾对各种各样的事业都表示支持，包括对抗癌症等，而她本人就是一位乳腺癌幸存者。

艾米·克鲁斯·罗森塔尔和库格：若从小狗的角度看，艾米·克鲁斯·罗森塔尔的作家生涯已有100多年之久了。她是《纽约时报》的儿童畅销书作家，她的回忆录《普通生活的百科全书》被认为是近10年中十大回忆录之一。她长期支持芝加哥公共电台、Youtube和TED（科技、娱乐与设计）会议。她目前与丈夫、孩子，当然还有库格，一只黑色的拉布拉多混血犬居住在芝加哥，她的个人网站为whois-amy.com。

瑞秋·斯多里斯和布里兹：瑞秋·斯多里斯是一名专业的狗拉雪橇竞赛选手和耐力运动员。她与专门培养的22只狗住在俄勒冈州的本德，这些狗的品种包括阿拉斯加哈士奇犬、德国短毛犬、英国赛特犬和猎狐犬。他们个个运动能力出众、友好且毛发较短。瑞秋出生时患有先天性色盲，实际上是个盲人。当她还是小女孩的时候，瑞秋下定决心不让受损的视力成为实现梦想的障碍，于是从11岁开始练习赛雪橇犬。2006年，她成为首位完成艾迪塔罗德赛（被称为狗拉雪橇竞赛的"超级碗"）的盲人选手。瑞秋曾被女子体育基金会、俄勒冈盲人委员会、亲善工业、美国抗盲基金会、国家女子和妇女体育协会及伯金斯盲校等机构正式授予过荣誉，并获得过ESPN年度卓越运动员提名和知名的国会荣誉勋章卓越公民荣誉奖。2002年时，瑞秋还被选为盐湖城冬奥会的火炬手。

*汤姆·斯凯里特和玛吉：*汤姆·斯凯里特心爱的玛吉是只8岁的大瑞士山地犬，虽是只工兵型犬，却拥有出色的姿态。汤姆因为出演电影《野战医院》《异形》《大河之恋》和《警戒围栏》中的角色而广为人知。他也经常出演西雅图当地的电影，与他人共同创办了影视学校THEFILMSCHOOL，传授讲故事的艺术。汤姆喜欢跟家人和朋友一起在美丽的西北部享受生活，当然他总是会确保盘子里盛满碎鱼片以供爱猫佐伊享用。

*艾米·斯玛特和奥斯卡：*有次艾米·斯玛特的朋友跟一位男演员约会，奥斯卡正是作为礼物送给这位男演员的，但是男演员却无法照顾他。于是艾米去了救助站，把这只柔软的像涂了一层小麦似的小猎犬带回了家。艾米是一位电影、电视演员，之前还做过模特。目前她与丈夫卡特、8岁的奥斯卡、丈夫的斗牛犬斯利姆以及两只小猫居住在加利福尼亚。

*维罗·史密斯和阿比：*刚刚11岁的维罗·史密斯已经出现在大大小小的舞台上与当今众多成功的明星演过对手戏，这其中就包括她的父亲威尔·史密斯。同时她还是位双白金唱片艺术家，并于2011年9月作为横跨大西洋20位顶尖艺术家中最年轻的一位被收入吉尼斯世界纪录。维罗目前与1岁的约克郡犬阿比及家人住在加利福尼亚。

*莎拉·斯坦兹和雷普利：*9岁的雷普利·梅林曾属于一对夫妇，但是男主人并不喜欢他。这对莎拉·斯坦兹来说简直难以置信，她很开心地给了这只迷你杜宾犬一个充满爱的新家。莎拉说能住在俄勒冈州的波特兰非常幸运，因为在这里有数不清的机会可以与她的伙伴雷普利享受大自然。

*皮卡博·斯特里特和茜姆比：*高山滑雪运动员皮卡博·斯特里特是第一位连续两次夺得世界杯高山速降冠军的美国女运动员。她曾在1998年冬奥会大回转比赛和1996年世界杯高山速降比赛中夺得桂冠。皮卡博于2004年被选入美国滑雪和滑板名人堂，并于2009年被选入美国奥林匹克名人堂。皮卡博很喜欢与4个孩子在一起，当然还有她的美国斯塔福猎犬茜姆比（8岁）。

*丽莎·舒格和杰克、露西：*在线媒体企业家丽莎·舒格和布莱恩·舒格此前已经从救助站收养了4只小猫，但却时常谈论着再去收养一只小狗。杰克，这只杰克罗素梗在布莱恩的生日那一周出现，成为他最好的生日礼物。如今舒格一家的成员包括女儿凯蒂和朱丽叶，以及杰克罗素梗杰克和露西。

拉莫·威利斯/萨迪

奥普拉·温弗瑞/路克

帕特·萨米特和萨利（左）、萨迪（右）：拉布拉多犬萨利（10岁）和萨迪（4岁）是母女关系，她们同是帕特·萨米特的爱犬。帕特是田纳西大学女子篮球志愿者队的主教练，她带队获得了美国全国大学生体育协会历史上最多的冠军。2011年，帕特勇敢地宣布她已被确诊为早发性失智症，阿兹海默症的一种，之后她通过帕特·萨米特基金会的积极筹款普及该病知识，并为该病的研究提供支持。

克里斯汀·蒂莫科和斯卡菲：克里斯汀·蒂莫科和11岁的西施混合犬斯卡菲是在当地动物保护协会的一次志愿者活动上认识的。她负责在收养活动期间照看斯卡菲，当时许多人都认为斯卡菲就是她的小狗。她也立刻意识到斯卡菲会是她生命的一部分，但却花了几个星期说服丈夫接受他。好在最终丈夫同意了，斯卡菲成为他们家的一员，从此过上了娇生惯养的好日子。

妮亚·瓦达罗斯和路易、玛尼：电影《我的希腊婚礼》编剧兼演员妮亚·瓦达罗斯和同为演员的丈夫伊安·戈麦斯于6年前从"发现宠物"收养了拉布拉多犬玛尼（8岁）。而路易（2岁）则是在拍摄右边这张照片时，即10个月前在路边被发现的。当时路易的耳朵被撕烂，他把绕在脖子上的绳子咬了下来。之后他被尼亚亚收养，他们的女儿为他取名叫"路易·萨尔瓦多·多米尼克·巴杰尔·瓦达罗斯·戈麦斯"。

迈克尔·瓦尔坦和米莉：迈克尔·瓦尔坦是名拥有法国和美国双重国籍的演员。他热衷于动物保护事业，参与帮助筹集款项，提升公众意识，以保护世界上所有的动物物种。一位来自科罗拉多的朋友发给他一张自己养的小狗的照片，结果迈克尔立刻选择了巧克力色的拉布拉多犬米莉。迈克尔与8岁的米莉共同出现在善待动物组织网站上，分享他照顾小狗的技巧。迈克尔曾出演过多部电视剧和电影，但使他在国际上声名鹊起的角色是出演《双面女间谍》中的特工迈克·沃恩。在不多空闲时间里，迈克尔十分热衷于体育运动，特别是冰球。

拉莫·威利斯和哈洛、朱兹、萨迪：作为黛咪·摩尔和布鲁斯·威利斯的大女儿，拉莫·威利斯十分喜欢动物。她收养的"漂亮狗娃娃"是4岁的混血德国牧羊犬萨迪、5岁的吉娃娃哈洛和1岁的吉娃娃朱兹。哈洛是拉莫在匹兹堡拍电影时发现的，而萨迪则是从巴沙迪那人道协会收养的。后来，有次拉莫在纽约忙一部戏剧时，由于太想念自己的两只小狗，于是去逛宠物商店，结果发现了朱兹。拉莫说："她看上去好像从没被人抱过，我知道我得把她带回家，给她爱的呵护。"

奥普拉·温弗瑞和路克（奇迹男孩）、萨迪：奥普拉·温弗瑞小时候，曾用吃午饭的钱从小狗收容所里买了一只混血长卷毛犬，取名为"西蒙尼"。从那时起，她共收养过21只狗（其中11只是从印第安纳州的一家农场中一次性收养的）。她把自己的一群小狗（目前共5只）称作"毛茸茸的家人"。她说与小狗们沿着树林中的小道散步是她生命中最快乐也最满足的时刻。

露西·伍德利和西西：当露西·伍德利听说南达科他州一家动物农场就要关闭，那里的小狗急需收养时，这位商业顾问马上飞去，把其中一只小狗带回了她在加州的家。当2005年西西（7岁）进入露西·伍德利的生活时，她正在经历一段艰难的时期。自那时起，西西这只混血狮子狗为露西带来了希望和幸福。露西说："是西西把我变成了一个更好的人。"

致 谢

基米·库尔普、 丽莎·埃尔斯帕莫及罗宾·雷顿

我们在此感谢所有为爱犬写信的朋友和你们的爱犬，感谢你们参与到这一特别的项目中。你们与小狗之间的爱感动了很多人。

我们同时感谢吉奥夫·布莱克威尔和在PQ布莱克威尔的团队，感谢你们对我们这个小创意的信任。

罗宾·雷顿

我对以下所有人深怀感激，是他们的帮助使这本书得以问世：

丽莎——你是我认识的最不可思议的人之一。你能看到别人难以觉察的事物，允许我们拥有更大的梦想。对于你为我所做的一切，特别是你对我的信任，我感激不尽。

基米——你是个杰出的人，是智慧与优雅的结合体。跟你在战壕里的日子是我一直珍重的一段经历。你使一切变得更美好，包括我。

凯西"普瑞兹"——我仍然认为你该竞选总统，你能确保一切都井井有条，你不知疲倦的工作态度让人赞叹。你像妈妈一样照顾整支团队，无论有再多的工作，你总会说："交给我吧，我来做。"

简——你为这一项目贡献的每个想法和点子都充满着善良和爱。你积极的态度感染了大家，让我们变得与众不同。

萨拉——感谢你搬运这么多沉重的东西。你的幽默让我勇往直前，你的成熟让我脚踏实地。一起旅行是一场冒险！感谢你为我们开车，虽然你够不着脚蹬。

佩吉——感谢你为这个项目贡献出的想法，为这个项目的实施提供了巨大的支持。

苏珊"斯纳格"和米歇尔"碰碰车"——感谢你让我们使用你的林肯城市轿车艾贝。

马克和布莱恩、安德里亚、朱莉、基米、琳达、泰森——在我拍摄这本书时，你们的热情好客让我感激不尽。

我挚爱的阿里·米歇尔——我非常想念你。

我的父母，雪莉和巴里特·克朗普——我所做的一切，都是为了纪念你们。

沙克提——感谢我出色的伴侣对我的信任。我从未遇到过像你一样无私地支持我、爱我，是你让我成为最好的我。我爱你。

小猴、贝拉、特拉维斯和乔治——感谢我的爱犬们。对你们的爱难以用语言形容（虽然我们已经尝试过了！），且无法衡量。感谢你们让我们成为你们的伴侣。

图书在版编目（ＣＩＰ）数据

　　给爱犬的一封信 ： 致我们最亲爱的小伙伴 ／（美）雷顿（Layton,R.）摄 ；（美）埃尔斯帕莫（Erspamer,L.），（美）库尔普（Culp,K.）编 ；刘月译 . -- 北京 ： 中国摄影出版社，2014.1
　　书名原文：A letter to my dog:notes to our best friends
　　ISBN 978-7-5179-0038-2

　　Ⅰ．①给… Ⅱ．①雷… ②埃… ③库… ④刘… Ⅲ.①犬－驯养－通俗读物 Ⅳ．①S829.2-49

　　中国版本图书馆CIP数据核字(2013)第308188号

　　北京市版权局著作权合同登记章图字：01-2013-6631号

Images © 2012 Robin Layton;　Letters © 2012 the individual contributors
Concept © 2012 Kimi Culp, Lisa Erspamer, Robin Layton
Compilation, design and layout © 2012 PQ Blackwell
Book design by Bridget White
www.alettertomydog.com

给爱犬的一封信——致我们最亲爱的小伙伴
作　　者：[美]罗宾·雷顿 摄
　　　　　[美]丽莎·埃尔斯帕莫、[美]基米·库尔普 编
译　　者：刘　月
出 品 人：赵迎新
责任编辑：常爱平　黎旭欢
版权编辑：黎旭欢
封面设计：刘　铮
出　　版：中国摄影出版社
　　　　　地址：北京东城区东四十二条48号　邮编：100007
　　　　　发行部：010-65136125　65280977
　　　　　网址：www.cpph.com
　　　　　邮箱：distribution@cpph.com
印　　刷：北京科信印刷有限公司
开　　本：24开
纸张规格：889mm×1194mm
印　　张：8
字　　数：150千字
版　　次：2014年1月第1版
印　　次：2014年1月第1次印刷
ISBN 978-7-5179-0038-2
定　　价：49.00元